青少年
随手可做的科技制作

沙金泰/编著

吉林出版集团有限责任公司

图书在版编目(CIP)数据

青少年随手可做的科技制作 / 沙金泰编著. —长春 : 吉林出版
集团有限责任公司, 2015.12（2021.5重印）

（青少年科普丛书）

ISBN 978-7-5534-9398-5-01

Ⅰ.①青…　Ⅱ.①沙…　Ⅲ.①电子器件—制作—青少年读
物　Ⅳ.①TN-49

中国版本图书馆CIP数据核字(2015)第285228号

青少年随手可做的科技制作
QINGSHAONIAN SUISHOUKEZUO DE KEJI ZHIZUO

作　　者 / 沙金泰

责任编辑 / 马　刚

开　　本 / 710mm×1000mm　1/16

印　　张 / 10

字　　数 / 150千字

版　　次 / 2015年12月第1版

印　　次 / 2021年5月第2次

出　　版 / 吉林出版集团股份有限公司（长春市净月区福祉大路5788号龙腾国际A座）

发　　行 / 吉林音像出版社有限责任公司

地　　址 / 长春市净月区福祉大路5788号龙腾国际A座13楼　邮编：130117

印　　刷 / 三河市华晨印务有限公司

ISBN 978-7-5534-9398-5-01　　　定价 / 39.80元

C 目录

C 目录

小天平

你见过古老的天平吗？古老的天平是吊盘天平，在身边找一些简单的材料做一个吊盘天平吧。

准 备

密度板条或三合板条、废旧光盘、尼龙线、剪刀、图钉、纸板、锯。

制作过程

①把两条密度板中间锯出相对应的槽沟，并相互对插成十字形的支架，用同样的方法。

②把另一密度板条插在十字形支架的底座上。天平的底座就做成了。

③在密度板条上画出等分线。找出该板条的中心点。

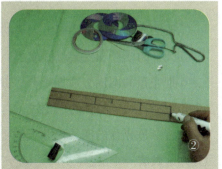

④按照所画的加工线锯出天平的衡杆，并用图钉钉在天平立杆上。

⑤天平的横杆和支架就做成了。

⑥把光盘的圆周分成四等分，并在这些四等分的点上各钻一个小孔，在小孔中穿过四条等长的尼龙线。

⑦将穿过光盘的四条尼龙线的上端系在一起做成吊盘。另一个光盘也照此办法做成一个吊盘。

⑧把两个吊盘分别挂在横杆的两端，并调整吊盘吊挂的位置，使其两边平衡。

⑨用纸板剪出标板，并标上刻度。

接下来你就可以发挥自己的想象，把小天平装饰一下就更好了。

柯博士告诉你

古老的天平是依据杠杆原理制成的，在杠杆的两端各有一个小盘，一端放砝码，另一端放要称的物体，杠杆中央装有指针，两端平衡时，两端的质量（重量）相等。

相关链接

◎ 古代的天平

据记载，早在公元前1500多年，古埃及人就已经使用天平了，也有人说，古埃及人使用天平的时间还要早，大约在公元前5000年以前。古埃及的天平虽然做得很粗糙，但是已经有了现代天平的轮廓，成为现代天平的雏形。

古代天平是用一根竖棍中间钻个孔，横穿一根棍，在棍的两端各用绳子挂上一个盘子。这种天平使用了很长时间，大约到公元前500年，罗马

的杆秤才出现，杆秤靠移动秤砣的位置来保持与被秤物品重量的平衡，实际上是将天平的一端（放砝码端）由固定式变成活动式，其好处是只要配上一个秤砣就可以了，而天平的砝码要好几个。杆秤也是用绳子吊一个盘子，再用绳子吊一个秤砣，除一端可活动外，基本形式与天平相同。

◎ 天平

天平是实验室中常用的衡量物体质量的仪器。现代的天平，越来越精密，越来越灵敏，种类也越来越多。有普通天平、分析天平、常量分析天平、微量分析天平、半微量分析天平等等。

托盘天平的发明并没有使吊式天平退出历史舞台，相反，吊式天平不仅被人们继续使用，特别是科学家们仍继续使用着，而且在使用中不断被改进。现代广泛应用的精密天平大都是吊式的，而托盘天平在日常生产和生活中用的较多，在科学实验中大多在精确性要求不太高的称量中使用。

常用的精确度不高的天平，由托盘、指针、横梁标尺、游码、砝码等组成。精确度一般为0.1或0.2克。

◎ 电子天平

电子天平是传感技术、模拟电子技术、数字电子技术和微处理器技术发展的综合产物，具有自动校准、自动显示、去皮重、自动数据输出、自动故障寻迹、超载保护等多种功能。

　　电子天平通常使用电磁力传感器组成一个闭环自动调节系统，准确度高，稳定性好。电子天平的工作原理是当秤盘上加上被称物时，传感器的位置检测器信号发生变化，并通过放大器反馈，使传感器线圈中的电流增大，该电流在恒定磁场中产生一个与所加载荷相平衡的反馈力；同时，该电流在测量电阻上的电压值通过滤波器、模数转换器送入微处理器，进行数据处理，最后由显示器自动显示出被称物质量数值。

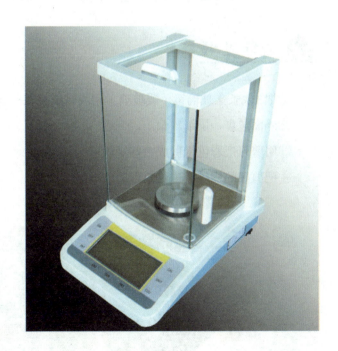

万蝶筒

　　万蝶筒是一种光学玩具，即利用光的折射原理制作，其历史悠久，来源于万花筒。取材容易、制作简单，你也做一个吧。

 **准 备**

　　3块长条玻璃镜或玻璃、彩色纸、剪刀、胶带纸、饮料瓶。

制作过程

　　①把3块长条玻璃镜（或玻璃）用胶带纸粘在一起。
　　②外面包裹一层纸。
　　③用剪刀把彩色纸剪成一些蝴蝶。
　　④把剪好的蝴蝶放进三角形的玻璃镜筒中。

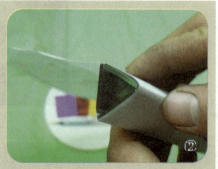

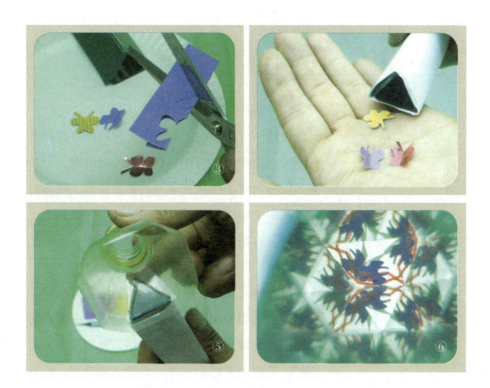

⑤安装上饮料瓶肩部以上的部分为镜头。

⑥啊！看到了，由许多蝴蝶组成的美丽图形。

柯博士告诉你

　　万蝶筒的原理在于光的反射，而镜子就是利用光的反射来成像的。万蝶筒是由三面玻璃镜组成一个三棱镜，然后放一些各色蝴蝶片，这些碎片经过三面玻璃镜的反射，就会出现对称的许多蝴蝶图案。将它转动一下，又会出现另一种图案。不断地转，图案也在不断变化，所以叫"万蝶筒"。

　　万蝶筒是由三面相交成60°角的镜子组成的，由于光的反射定律，放在三面镜子之间的每一件物体都会映出六个对称的图像来。

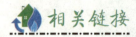

◎ 中国的万花筒

大约一百多年前，由英国人发明的万花筒进入中国。由于当时制作材料和工艺的限制，万花筒只能作为清王朝达官贵人的私室珍藏。随着封建王朝闭关锁国政策被打破，以及中国民族工业的发展，万花筒的造价也渐渐变得低廉，旧时王谢堂前燕，也飞入了寻常百姓家。

早先的万花筒，里面所看到的花是剪成碎片的彩纸，透明度很差，后来有人尝试使用更透明的彩色碎玻璃。随着时间的推移，万花筒里面的"花"，变成了彩色塑料片、光滑的玻璃珠，反射用的三块玻璃也换成了三面镜子。岁月变迁，制作万花筒的材料变了，但唯一不变的，是人们对万花筒中的神奇世界所倾注的热情。

人们喜欢看万花筒，更喜欢动手制作万花筒。在北京东岳庙民俗运动会上，就曾出现过长约90厘米、直径10厘米、由业余爱好者利用废纸筒制作的万花筒。目前，北京民俗博物馆还收藏着由北京玩具协会常务理事、万花筒爱好者李鸿宽先生制作的长132厘米、直径25厘米的大型万花筒。

◎ 镜子

镜子是一种表面光滑，具有反射光线能力的物品。最常见的镜子是平面镜，常被人们用来整理仪容。在科学方面，镜子也常被用在望远镜、雷射、工业器械等仪器上。镜子分平面镜和曲面镜两类。曲面镜又有凹面镜、凸面镜之分。

古代用黑曜石、金、银、水晶、铜、青铜，经过研磨抛光制成镜子。公元前3000年，古埃及就有了用于化妆的铜镜。公元1世纪，开始有能照出人全身的大型镜子。中世纪，盛行与梳子同放在象牙或贵金属小盒中的便携小镜。12世纪末至13世纪初，出现以银片或铁片为背面的玻璃镜。文艺复兴时期，威尼斯成为制镜中心，所产镜子因质量高而负有盛名。16世纪，发明了圆筒法制造板玻璃，同时发明了用汞在玻璃上贴附锡箔的锡汞齐法，金属镜逐渐减少。

17世纪下半叶，法国人发明用浇注法制平板玻璃，制出了高质量的大玻璃镜。18世纪末，制出大穿衣镜并且用于家具上。锡汞齐法虽然对人体有害，但一直延续应用到19世纪。1835年，德国化学家莱比格发明化学镀银法，使玻璃镜的应用更加普及。

随着技术的进步，镜子的成本降低，各种各样曲面镜的出现，使镜子的使用日益广泛，具有了除映照仪容以外更多的用途。如汽车上用的球面后视抛物面镜，在望远镜中用于聚集和在探照灯中用于反射出平行光的抛物面镜等。

不论是平面镜或者是非平面镜，光线都会遵守反射定律而被镜面反射，反射光线进入眼中后即可在视网膜中形成视觉。在平面镜上，当一束平行光碰到镜子，整体会以平行的模式改变前进方向，此时的成像和眼睛所看到的像相同。

光学魔盒

伸手不见五指，这是形容黑天光线暗时，什么也看不清的场景。我们在生活中能够看见物体，靠的是物体发出或反射的光线。这个魔盒就能让你体会这样一种现象，让你知道在什么情况下才能看到物体。

准 备

金属镀膜玻璃、纸盒、剪刀、美工刀、两张动物图片。

制作过程

①在长方形纸盒的盒盖上，用记号笔画出两个长方形的透光孔。

②沿画出的图线用美工刀各挖开这两个长方形的透光孔。

③用金属镀膜玻璃作为纸盒的隔板，把隔板装在纸盒的中间，使纸盒

被隔成两个空间部分，并用胶带纸固定住金属镀膜玻璃。

④在纸盒的短边内侧分别贴上你喜欢的动物图片。

⑤在纸盒的短边盒壁上刻出一个观察孔。

柯博士告诉你

我们的眼睛是视觉器官，通过眼睛我们能看到外面的世界。眼睛能看见外面的世界，是因为有光线照到物体上再反射到眼睛里。如果没有光线，即使明眸似水你也不会看清任何东西。

小盒上部有前后两个长方形小孔，当你挡住前面的小孔，盒子的前半部就不会透进光线，因而贴在前面的图片也得不到光照。当后面的小孔透进了光线，那里的图片就会被照得明亮，光线反射的也就比较多，光线穿过中间的金属镀膜玻璃，从小孔进入到眼睛，你就会看到后面的漂亮图片。

当你用手挡住后面的小孔，把前面的小孔敞开时，光线会从前面的小孔透进盒子里。前面的图片会反射光线，光线反射到金属镀膜玻璃上时，因后面黑暗，你就不会看到后面的图片，而金属镀膜玻璃会像镜子一样把光线反射到你的眼睛里。所以，你只能看到前面的这张图片。

相关链接

◎ 镀膜玻璃

镀膜玻璃是在玻璃表面镀一层或多层金属、合金或金属化合物薄膜，以改变玻璃的光学性能，满足某种特定要求。

镀膜玻璃按产品的不同特性，可分为热反射玻璃、低辐射玻璃、导电膜玻璃等。热反射玻璃一般是在玻璃表面镀一层或多层诸如铬、钛或不锈钢等金属或其化合物组成的薄膜，使产品呈丰富的色彩，对于可见光有适当的透射率，对红外线有较高的反射率，对紫外线有较高的吸收率，因此，也称为阳光控制玻璃，主要用于建筑和玻璃幕墙；低辐射玻璃是在玻璃表面镀有多层银、铜或锡等金属或其化合物组成的薄膜，产品对可见光

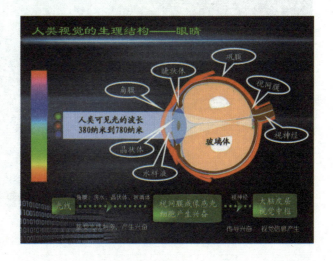

有较高的透射率，对红外线有很高的反射率，具有良好的隔热性能，主要用于建筑和汽车、船舶等交通工具，由于膜层强度较差，一般都制成中空玻璃使用；导电膜玻璃是在玻璃表面涂敷氧化铟锡等导电薄膜，可用于玻璃的加热、除霜、除雾以及用作液晶显示屏等。

◎ 为什么

为什么天黑后室内点灯时，在室内透过玻璃窗看不清外面，而在外面却可以看清室内？当关掉室内的电灯时，在室内透过玻璃窗就可看见外面，而在外面却看不清室内？

电视里有这样的镜头画面：当地下工作者在室内开会时，一遇到室外有动静，就立刻吹灭了室内的蜡烛，并立即观察动静，准备撤退。

这是因为，在漆黑的夜里，室内如果没有光线，屋顶和四壁就像一个盒子，室内也就漆黑一团，因此在室外的人往室内看，什么也看不见，只能看到漆黑一团。而室内的人往室外看，在月光的照射下，室外的景物轮廓却可以看得比较清楚。

简易变阻器

我们知道，如果改变电路里的电压或电流，用电器的功率就会受到影响，或因电压、电流过小而不能工作；或因电压、电流过大，而发生损毁。但因需要，有时我们又会改变电路里的电压或电流，这时我们就会使用变阻器。因此，我们可以制作一个简单的变阻器，观察变阻器在电路里的作用。

准　备

铅笔、小刀、两根电线、胶带纸、电池、小电机、电池盒。

制作过程

①拿出铅笔（12厘米就可以了），用小刀从铅笔的顶端向下劈成两

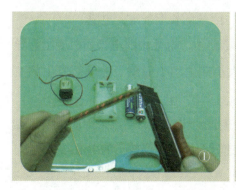

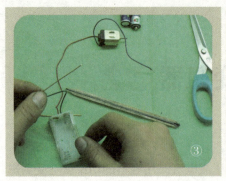
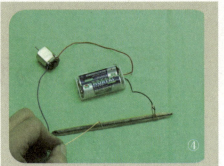

半。千万别把里面黑色的铅劈开，要让铅完好无损地保留在一半以上。

②然后用一根电线顶在铅笔的一头（必须使电线里的铜丝接触到黑铅上）。

③最后拿出另一根电线，用小刀割去电线一端的绝缘体，使铜丝露出3厘米，并做成一个铜丝圆套，让这个圆套卡在铅笔的另一端。

④把电池装进电池盒，将自制变阻器接到连接小电机的一条电线上。圆套离对面的电线越远，小电机就转得越慢；越近，小电机就转得越快。

🏠 柯博士告诉你

这是一个简单的滑动变阻器。滑动变阻器是电学中常用器件之一，它的工作原理是通过改变接入电路部分电阻线的长度来改变电阻。

这个滑动变阻器接在了小电机的电路中，电池中的电流通过变阻器导向小电机。通过滑动变阻器的电流大小在滑动中受到了控制而发生的变化，小电机也发生了不同的变化。

当电阻值比较小时，小电机就会接收到比较大的电流，因而小电机也就有较快的转速。反之，小电机的转速就会因接受到较小的电流而减慢。

相关链接

◎ 电阻器

电阻器是一个限流元件。将电阻接在电路中，就可限制通过它所连接的支路电流的大小。

小功率电阻器通常为封装在塑料外壳中的碳膜构成，而大功率的电阻器通常为绕线电阻器，通过将大电阻率的金属丝绕在瓷心上而制成。

如果一个电阻器的电阻值接近0欧姆（例如，两个点之间的大截面导线），则该电阻器对电流没有阻碍作用，串接这种电阻器的回路被短路，电流无限大。如果一个电阻器具有无限大的或很大的电阻，则串接该电阻器的回路可看作开路，电流为零。工业中常用的电阻器介于两种极端情况之间，它具有一定的电阻，可通过一定的电流，但电流不像短路时那样大。电阻器的限流作用类似于接在两根大直径管子之间的小直径管子限制水流量的作用。

电阻，通常缩写为R，它是导体的一种基本性质，与导体的尺寸、材料、温度有关。

◎ 热敏电阻器

热敏电阻器是一种电阻值对温度极为敏感的电阻器，也叫半导体热敏电阻器。它可由单晶、多晶以及玻璃、塑料等半导体材料制成。这种电阻器具有一系列特殊的电性能，最基本的特性是其阻值随温度的变化有极为显著的变化，以及

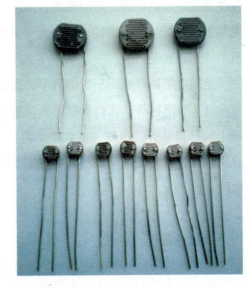

伏安曲线呈非线性。

热敏电阻器种类繁多，一般按阻值温度系数可分为负电阻温度系数和正电阻温度系数热敏电阻器；按其阻值随温度变化的大小可分为缓变型和突变型；按其受热方式可分为直热式和旁热式；按其工作温度范围可分为常温、高温和超低温热敏电阻器；按其结构可分为棒状、圆片、方片、垫圈状、球状、线管状、薄膜以及厚膜等热敏电阻器。

热敏电阻器的主要特点是对温度灵敏度高、热惰性小、寿命长、体积小、结构简单，以及可制成各种不同的外形结构。这种元件在温度测量、温度控制、温度补偿、液面测定、气压测定、火灾报警、气象探空、开关电路、过荷保护、脉动电压抑制、时间延迟、稳定振幅、自动增益调整、微波和激光功率测量等许多领域得到广泛的应用。

◎ 光敏电阻器

光敏电阻器是利用半导体的光电效应制成的一种电阻，它是由玻璃基片、光敏层、电极、外封装等组成的。

光敏电阻器的最大特点是对光线非常敏感，其阻值随着光线的强弱而发生变化。入射光强，电阻减小；入射光弱，电阻增大。光敏电阻器的种类很多，根据其光敏特性，可分为可见光光敏电阻器、红外光光敏电阻器及紫外光光敏电阻器。

光敏电阻器一般用于光的测量、光的控制和光电转换等方面。如光电自动开关，航标灯、路灯和其他照明系统，自动给水和自动停水装置，机械上的自动保护装置和"位置检测器"，极薄零件的厚度检测器，照相机自动曝光装置，光电计数器，烟雾报警器，光电跟踪系统等都安装有光敏电阻。

◎ 电位器

电位器是一种可调电阻的电子元件。它是由一个电阻体和一个转动或滑动系统组成。初中电学实验中常用的滑动变阻器就是一种常见的线绕电位器。

电位器的电阻体有两个固定端，通过手动调节转轴或滑柄，来改变动触点在电阻体上的位置、动触点与任意一个固定端之间的电阻值以及电压与电流的大小。

电位器按制作材料分为线绕电位器、炭膜电位器、实芯式电位器；按输出与输入电压比与旋转角度的关系分为直线式电位器、函数电位器。电位器的主要参数为阻值、容差、额定功率。

电位器的作用是调节电压（含直流电压与信号电压）和电流的大小。

电位器是重要的电子元件，在生产和生活中的电子设备上得到广泛的应用，例如：电脑、电视、音响和接收机等许多家用电器上都有它们的身影。

芽与笋、菌并列为素食鲜味三霸。而豆芽的制作也很简便，古人称"种生"。

豆芽的营养：豆芽含有丰富的维生素C，具有保持皮肤弹性，防止皮肤衰老变皱的功效，还含有可防止皮肤色素沉着，消除皮肤黑斑、黄斑的维生素E，乃养颜之佳品。

一些营养专家和食品专家认为，豆芽所含的叶绿素能够分解人体消化道的亚硝酸胺，有助预防直肠癌，豆芽含有若干强力的抗癌物质，具有意想不到的营养和医疗价值。

电热切割器

电热切割器是利用电流的热效应，对泡沫板、吹塑纸和塑料瓶等进行切割的。其优点在于方法简单、操作容易、切割的质量好，不出现切割面很粗糙的现象等。

准 备

废旧电烙铁、电钻、木板、电源（9V~18V）、开关、钳子、螺钉、螺丝刀。

制作过程

①画出木条的加工线，然后加工出两根木条。
②把两根木条用螺钉固定成切割器支架，并固定在木板上。

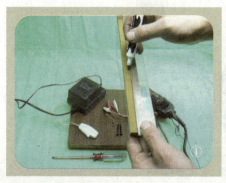

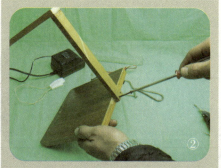

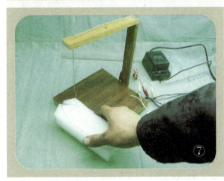

③把电烙铁丝拉直。

④在支架的顶端和底板上分别钻出小洞，把拉直的电烙铁丝分别穿过上下两个小洞安装在支架上。

⑤安装上开关。

⑥连接变压器。

⑦检查无误后，按动开关就可以试一试你的电热切割器了。

注意：在使用过程中小心不要碰到电热丝。还有，通电时间不宜太长，一般不要超过10分钟。

柯博士告诉你

用电流加热的电阻丝，能使与它接触的泡沫板或吹塑纸迅速熔化，从而将其切开。电热切割可以切得很直、很快，而且切口处很光滑。

相关链接

◎ 高频热合机

高频热合机是由于血液、生理盐水等液态物品物正逐渐采取专用塑料袋来装液、储存、运输，输液也已取代传统的瓶装方式，而袋装液态物的封口要求清洁无毒、无污染、粘结可靠、操作方便等原因被设计出来的。

这种焊机使用微机控制热合时间，热合时间可在0.1~9.9秒间精确调节，使热合质量保证良好。

焊机用光电装置取代了传统的开关装置，无须每次热合时按动开关，只须将塑料管直接置于热合头间，热合便自动进行，这种操作更简单、更舒适。

　　焊机对电网电压有自动调节作用。当电网电压在190~250V之间变动时，就能进行正常平稳的工作。这对于在电源波动较大的地区使用时，更能显示该机的优越性。

◎ 塑料焊接机

　　塑料是一种用途广泛的高分子合成材料，在我们的日常生活中塑料制品比比皆是。从我们起床后使用的洗漱用品、早餐时用的餐具，到工作学习时用的文具、休息时用的座垫、床垫，以及电视机、洗衣机、计算机的外壳，还有夜晚给我们带来光明的各种造型的灯具都是由塑料制成的。

　　塑料是一种容易成型的材料，生产塑料制品都采用加热的方法，在切割焊接塑料时也用热加工的方法。比如用塑料封口机对塑料包装进行封口，用塑料焊接机进行焊接，用塑料切割器进行塑料切割等。

　　先进的塑料热加工设备利用高频将AC220V、60Hz转为15—36KHz的高频电能，利用陶瓷振动子转换成机械能。使之产生震动，经由传动子，焊头传至加工物，利用所产生摩擦热能打破其分子结构，使被加工件表面融熔接合，其牢固强度与本体塑料不相上下。

　　塑料是一类具有可塑性的高分子合成材料。它与合成橡胶、合成纤维形成了当今日常生活不可缺少的三大合成材料。具体来说，塑料是以合成树脂为主要成分，在一定温度和压力等条件下可以塑制成一定形状，并在常温下保持形状不变的材料。

塑料与其他材料相比较，有以下几方面的性能特点：

1. 重量轻

塑料是较轻的材料，相对密度分布在0.90~2.2之间。特别是发泡塑料，因内有微孔、质地更轻、相对密度仅为0.01这种特性，使得塑料可用于要求减轻自重的产品生产中。

2. 优良的化学稳定性

绝大多数的塑料对酸、碱等化学物质都具有良好的抗腐蚀能力。特别是俗称为"塑料王"的聚四氟乙烯，它的化学稳定性甚至胜过黄金，放在"王水"中煮十几个小时也不会变质。因此聚四氟乙烯具有优良的化学稳定性，是理想的耐腐蚀材料。如聚四氟乙烯可以作为输送腐蚀性和粘性液体管道的材料。

3. 优异的电绝缘性能

普通塑料都是电的不良导体，其表面电阻、体积电阻很大，用数字表示可达109~1018欧姆，击穿电压大，介质损耗角正切值很小。因此，塑料在电子工业和机械工业上有着广泛的应用，如塑料绝缘控制电缆。

4. 热的不良导体具有消声、减震作用

一般来讲，塑料的导热性是比较低的，泡沫

板的微孔中含有气体，使其隔热、隔音、防震性更好。

5.机械强度分布广和具有较高的比强度

有的塑料坚硬如石，有的柔软如纸张、皮革。从塑料的硬度、抗张强度、延伸率和抗冲击强度等力学性能看，分布范围广，有很大的使用选择余地。因塑料的比重小、强度大，所以塑料具有较高的比强度。与其他材料相比，塑料也存在着明显的缺点，如易燃烧、硬度不如金属高、耐老化性差、不耐热等。

人造琥珀

　　琥珀是一种比较珍贵的有机化石，特别是包含有昆虫的琥珀，更是玲珑剔透的珍品，常被人们用来制作饰品。我们也可以仿照琥珀形成的过程自己制作一个人造琥珀。

准　备

　　松香约100克左右、酒精、小纸盒、易拉罐、铁丝、酒精灯、锤子、昆虫。

制作过程

　　①在纸板上画出制作线，然后用剪刀剪下。
　　②折叠并粘成一个小盒。

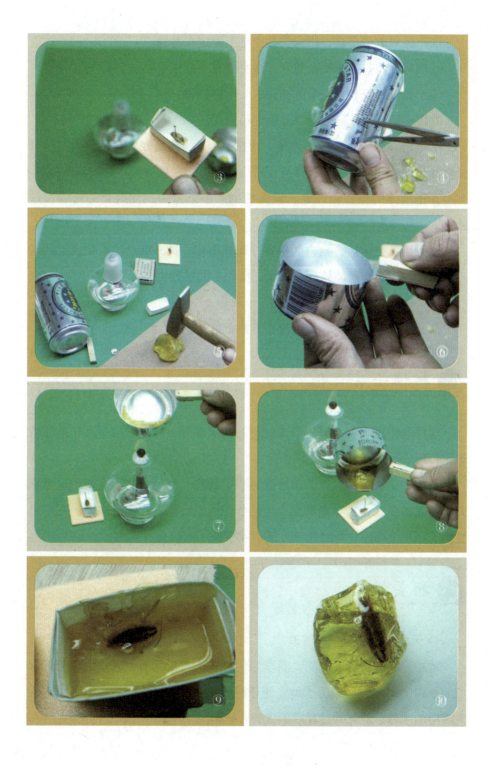

③把昆虫放进小盒，用大头针把昆虫固定在盒底。

④用剪刀将易拉罐横向剪开，注意留有一个把手。

⑤给易拉罐安装上一个木柄做成一个加热罐。

⑥用小锤轻轻敲碎松香，并碾成粉末儿。

⑦把松香末儿放进加热罐中，再按10：1的比例加入酒精。用酒精灯慢慢加热，并适当地用玻璃棒搅拌罐内的松香，使松香液中的气泡跑掉。

⑧把液体的松香轻轻地、慢慢地倒入小纸盒内，使融化的松香没过昆虫。

⑨等待数分钟后，盒内的松香冷却并固化，拆开纸盒把固化成型的琥珀拿出来，用纱布蘸酒精轻轻擦拭，使固化的松香块表面光滑。

⑩一个漂亮的人造琥珀问世了。

注意：请在老师或家长的指导下安全用火。

柯博士告诉你

这种制作过程就是琥珀形成过程的前半部分，再现了数千万年前的琥珀化石形成的情景。

不过，这一过程只是琥珀形成过程中的前一部分。此后，琥珀又遭遇到了地壳的变迁，被包裹的昆虫连同外壳的松香都被深埋进地下，在那里受到了高压、高温，历经数千万年后才变成了有机化石琥珀。

相关链接

◎ 天然昆虫标本——琥珀

琥珀是一种特殊的化石，科学家们称它为有机化石。它是由数千万年前的松树的树脂，在经历了地壳变迁被埋在地下深处，受到高温高压、散失其中的水分、氧化等过程后形成的。

琥珀依据颜色和里面的包裹物分类，它的类型很多。常见的颜色有金黄色、褐红色、紫色等，有包裹物的类型多为昆虫、植物的种子、茎、叶等类。有昆虫类的琥珀化石是比较稀少和珍贵的，我们称其为"虫珀"。

琥珀里的昆虫是怎样保留下来的呢？首先，树脂沿着树干流淌下来，并且没有马上凝固，这时有昆虫在此飞翔盘旋，不巧，昆虫在无意的飞行过程中不留神被粘在树脂上，接着，树干上的树脂又沿着先前的路线流下来，昆虫力尽千难万险也没能逃脱，最后就成为珀中昆虫。后来，在地质的变迁过程中，树纷纷倒地被埋藏，连作为有机物的树脂也一同被埋在地下，经过千万年的变迁，就成了今天看到的琥珀。

琥珀为有机物，在水中加热到150℃即软化，250~300℃熔融，散发出芳香的松香气味。

琥珀常产于煤层中，与煤精伴生。欧洲波罗

的海沿岸国家产的琥珀最著名，其他如美国、印度、新西兰、缅甸等国均有产出。中国的琥珀产地有辽宁抚顺和河南南阳地区，抚顺产的琥珀呈黄到金黄色，其中常包含有昆虫，清晰美观，是极珍贵的品种。南阳产的琥珀质量差些，只能药用和制作压制琥珀。琥珀自古以来就被人们用来制作饰品或用作药材。

◎ 人造琥珀工艺品

天然琥珀是非常珍贵的，甚至和玛瑙、翡翠齐名。由于琥珀受到广大群众的欢迎，所以，有着广泛的市场需求。但是天然琥珀的数量是有限的，为了满足人们的需要，在现代科技发展的背景下，人造仿真琥珀应运而生。

人造琥珀，是仿效天然琥珀，以人工合成树脂为原料，将小型昆虫、植物经过科学处理，包埋在晶体中加工成型的。仿制出与天然琥珀相媲美的，甚至可以以假乱真的人造琥珀。它既有科学价值，又有艺术价值。用人造琥珀工艺制成的生物标本，能长期保持生物原有的色泽、体态，同时

可以再现生物在自然界中的各种姿态，在科研、教学和展览上具有重要意义。人造琥珀也可以制成各种装饰品、实用品和纪念品，用来美化人们的生活。

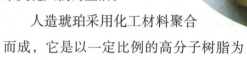

人造琥珀采用化工材料聚合而成，它是以一定比例的高分子树脂为主原料，以一定比例的添加剂为配料，并加入适量的色浆调配成匀浆，配制成包埋体，先在模具内浇入适量配制好的树脂做底层，再放入经处理的自然干标本，再经多次浇埋、型坯脱模后形成的。

◎ 区分天然琥珀和人工琥珀

由于天然琥珀极其珍贵，一些不法商家常以人工琥珀假冒天然琥珀。人工琥珀一般由电木、塑料和玻璃仿制而成。

根据天然琥珀密度很低的特点，把天然琥珀和其他仿制品一起放入饱和的盐水中，只有天然琥珀能浮起来，而电木、塑料、玻璃琥珀等仿制品均沉入饱和的盐水中。

天然琥珀和人工琥珀的折光率也不一样，电木折光率为1.66，塑料折光率为1.63，均大于天然琥珀。

用热铁针试验，琥珀发出松香味，而电木、塑料琥珀则发出辛辣味。

与天然琥珀最相似的是压制琥珀。压制琥珀是将块度很小的天然琥珀集中在一起，在200~250℃之间加热，使其熔化、冷却后即融凝在一起，有拉长或扁平的气泡，显现流动构造，在放大镜下观察可见到浑浊的粒状结构。

静电风车

　　静电能推动风车，你相信吗？是否想亲眼见一见这种奇妙的风车？下面就让我们动手做一做吧。

 准 备

　　易拉罐、缝衣针、泡沫板、鳄鱼夹、剪刀、导线。

制作过程

①把缝衣针插在泡沫板上。

②剪取一块易拉罐的铝皮。

③在易拉罐铝皮上画出风叶轮并用剪刀剪下。

④用针尖稍微用力，在风叶轮圆心的位置扎一个小洞。注意洞不要

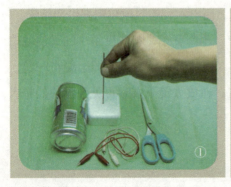

①

②

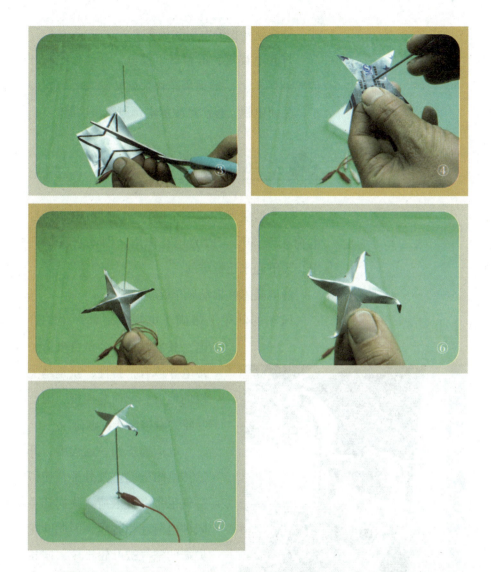

大，甚至可以不扎透铝皮，只留一个能容下针尖的小"窝"就可以了。

⑤整理一下风叶轮的形状，使其平整、对称、有形。

⑥将风叶轮的尖端向一侧弯折，最好用钳子在弯的地方夹一下。保证风叶轮的尖端弯折方向一致，最后使风叶轮平整。

⑦把风叶轮中心的小窝对准针尖，将风叶轮平放在针尖上。

在电视机屏幕上贴一大块铝箔，然后用鳄鱼夹夹住缝衣针，连接导线，导线就会把静电引到风车上。

打开电视机，屏幕产生静电，并经导线和针传导到风车上，推动风车快速旋转起来。等它停了，关闭电视，再次产生静电，风车再次旋转。

柯博士告诉你

这个装置利用了三个原理：尖端放电、同种电荷相互排斥、力的相互作用。因此它看似简单，理解起来还挺难的。

静电是怎样推动风车旋转的呢？

风车的叶轮上带满了电视机屏幕产生的静电，我们姑且认为是负电荷。带电导体有个特性，就是越尖锐的地方，电荷越拥挤，因此叶轮尖端挤满了负电荷。

电荷拥挤到一定程度，开始传给附近的空气分子，使得空气也带上负电荷。我们知道同种电荷互相排斥，因此叶轮尖端的空气被叶轮排斥，向相反方向运动。这样叶轮尖端的空气不断得到电荷，又不断被排斥，形成一股细小的风。只要叶轮持续得到静电供应，尖端就会持续吹出"静电风"。

我们的这个静电风车尖端

是向一侧扭曲的，因此向侧面吹出"静电风"。又因为力的作用是相互的，因此风车叶轮因得到侧向的反作用力而旋转起来。

提示：在这个装置运行的时候，千万不要去碰它，不然非被静电电着不可。实验完毕后，先用金属与装置接触释放静电，这时你会听到"劈啪"一声轻响，然后再去拆它。

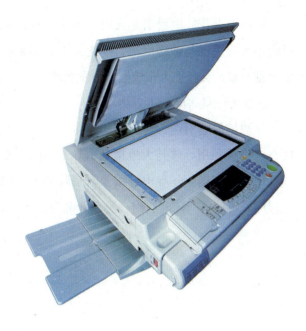

相关链接

◎ 静电的利用和危害

目前静电的利用已有多种，如静电除尘、静电喷涂、静电植绒、静电复印等。

但是，静电也会给人们带来麻烦，甚至是危害。

1.使产品的质量下降。在印刷厂里，纸张间由于摩擦带电，而粘在一起，难于分开，给印刷带来麻烦；在印染厂里，棉纱、毛线、人造纤维上的静电吸引空气中的尘埃，使印染质量下降。

2.妨碍电子器件的正常工作甚至损坏某些部件。静电对现代高精密度、高灵敏度的电子设备很有影响，带静电很多的人，会妨碍电子计算机的运行，甚至会由于火花放电击穿某些电子器件。

3. 由于火花放电而引起火灾，油罐车在行驶过程中因为燃油与油罐摩擦，产生静电，如果静电大量积累，会产生火花放电而引发爆炸。

防止静电危害的基本方法

尽快把静电引走，避免越积越多。例如：油罐车、飞机利用导体与大地接触，导走静电；在地毯中夹杂不锈钢丝导电纤维及时消除静电；增大湿度，可使电荷随时放出，避免静电积累。

显 微 镜

在医院的化验室里，在学校的生物试验室里，显微镜是不可缺少的科学仪器，可以使人看见微观的世界。这种仪器最初发明时，就是手工制作的。你也可以试做一个显微镜。

准 备

废旧小电珠、纸板、透明塑料片、饮料瓶、螺钉、剪刀、锥子、笔。

制作过程

①在纸板上画出显微镜的底座和镜筒的加工线。

②用剪刀沿着加工线剪去多余的部分。

③将做镜筒的白板纸卷成一个口径和饮料瓶口径相适应的镜筒，用胶

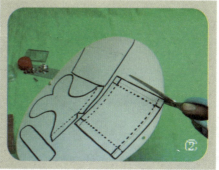

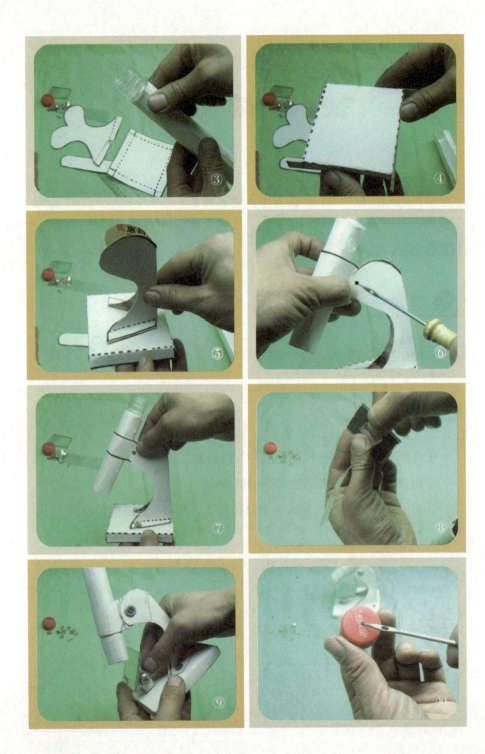

粘好，并把镜筒插入饮料瓶口的下端。

④把做底座的白板纸折叠用胶粘在底板上。

⑤把镜筒架的纸板折叠后粘在底座上。

⑥在镜筒架上和镜筒连接条上扎一个小孔。

⑦用螺钉穿过小孔拧紧连接。

⑧用铁片弯折后粘在反光镜的背面。

⑨用铁片做一个反光镜支架，把支架用螺丝拧在底座上。最后把反光镜和支架用螺钉拧在一起，并使反光镜可自由改变倾角。

⑩在饮料瓶盖的中心，用锥子扎一个小孔。

⑪剪一个圆形透明塑料片，用胶粘在饮料瓶盖里面的小孔上，并放进废旧小电珠顶部的小球，然后，再粘上一片透明塑料片。

⑫把瓶盖拧在瓶口上。

⑬简易显微镜做好rg，拧动塑料盖就可以改变焦距,调节观察物的清晰度b。

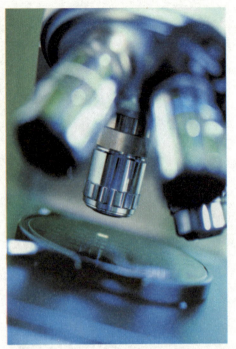

 相关链接

◎ 光学显微镜

在显微镜发明出来之前，人类关于周围世界的观念建立在用裸眼，或者靠手持透镜辅助裸眼观察事物的基础之上。因此这种观念不可避免地带有一定的局限性。

显微镜把一个全新的世界展现在人类面前，人们第一次看到了数以百计的"新的"微小动物和植物，以及从人体到植物纤维等各种东西的内部构造。这拓展了人类的视野，使人类对世界的观念发生了改变。

在科学上使用显微镜的第一人是意大利科学家伽利略。他通过显微镜观察到一种昆虫后，第一次对它的复眼进行了描述。第二个是荷兰亚麻织品商人安东尼·凡·列文虎克，他自己学会了磨制透镜。他第一次描述了许多裸眼所看不见的微小植物和动物。

光学显微镜发明以后，技术不断完善，被广泛地应用于医疗、生物研究等领域。科学家用光学显微镜看到并发现了许多过去人们用裸眼看不到的生物，因而发现了人类许多疾病的致病原因，找到了治疗这些疾病的途径和方法，促进了人类医学的重大进步。

◎ 电子显微镜

电子显微镜是根据电子光学原理，用电子束和电子透镜代替光束和光学透镜，使物质的细微结构在非常高的放大倍数下成像的仪器。

1931年，卢斯卡和诺尔根据磁场可以会聚电子束这一原理发明了世界上第一台电子显微镜。电子显微镜的原理同光学显微镜相同。光学显微镜通常利用电灯作为光源，电灯发出的光波被聚光器汇聚到透明物体上，然后经过物镜等一系列透镜形成放大的图像。而电子显微镜是用电子束而非可见光来成像的。简单来说，电子的行为同光波相似，但是其波长较光波的波长小几百倍，这就使电子显微镜的分辨率大大提高。在电子显微镜中，磁场的作用类似于光学显微镜中的透镜。随后，科学家又发明了扫描

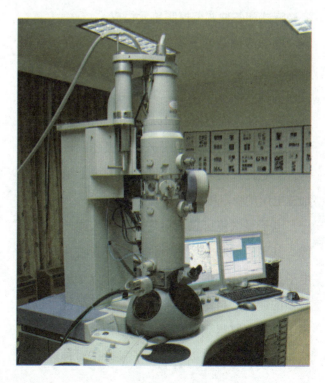

隧道显微镜。它主要是用来研究固体表面形貌，从而得到固体表面的三维效果图像。

1958年，我国成功地研制了第一台电子显微镜。现在，随着计算机技术的发展，电子显微镜技术和功能也日益进步，放大倍数已超过1 000多万倍，并在材料、生物、医学等领域得到广泛应用。

电子显微镜由镜筒、真空系统和电源柜三部分组成。镜筒主要有电子枪、电子透镜、样品架、荧光屏和照相机构等部件，这些部件通常是自上而下地装配成一个柱体；真空系统由机械真空泵、扩散泵和真空阀门等构成，并通过抽气管道与镜筒相连接；电源柜由高压发生器、励磁电流稳流器和各种调节控制单元组成。

电子透镜是电子镜筒中最重要的部件，它用一个对称于镜筒轴线的空间电场或磁场使电子轨迹向轴线弯曲形成聚焦，其作用与玻璃凸透镜使光束聚焦的作用相似，所以称为电子透镜。

电子枪是由钨丝热阴极、栅极和阴极构成的部件。它能发射并形成速度均匀的电子束，所以加速电压的稳定度要求不低于万分之一。

电子显微镜可以获得许多引人入胜的显微图像，其逼真度和立体感令许多爱好者着迷。通过电子显微镜，人们可以观察到气味分子进入蝴蝶触须的途径。材料科学家利用电子显微镜可以从原子尺度研究得到材料的微观结构及化学成分的信息。生理学家可以通过电子显微镜对神经组织进行研究，还可以动态观察病毒进入细胞的过程。用显微镜检查计算机芯片制造过程中的焊接裂缝会十分清楚。

1982年，宾尼格和罗勒发明了扫描隧道显微镜，1988年中国科学院白春礼和姚骏恩研制出了我国第一台扫描隧道显微镜。扫描隧道显微镜是另一种研究物质微观结构的全新技术，其放大倍数可达上亿倍，它采用尖端只有一个原子的特殊探针对物质表面进行逐行扫描来获得原子尺度的图像，也可以用探针对单个原子和分子进行操纵，对材料表面进行微加工。

20世纪电子显微技术的兴起，为人类获得新型材料以及促进现代医学的发展创造了条件，应用广泛的纳米材料就是在电子显微技术的基础上发展起来的，肝炎病毒也是通过电子显微镜观察到的，它为21世纪科学技术的飞速发展奠定了基础。

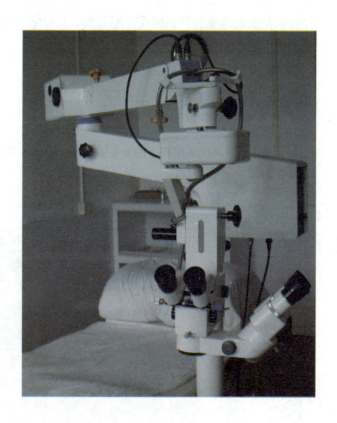

棉球湿度计

空气的干湿程度叫作"湿度"。空气的湿度是气象中的一项重要物理量，空气湿度与天气的变化有很大的关联。因此，气象观测中不可忽视对空气湿度的观测。我们也可以用简单的方法自己制作一个湿度计。

 准 备

三合板或密度板片、棉花、尼龙线、浓盐水、白胶、纸板、硬币或其他重物、剪刀、手工锯、笔。

制作过程

①在木条上画出两个相等的木条做底座，画出一个较长的木条做平衡杆。

②用手工锯截取底座和平衡杆的木条。

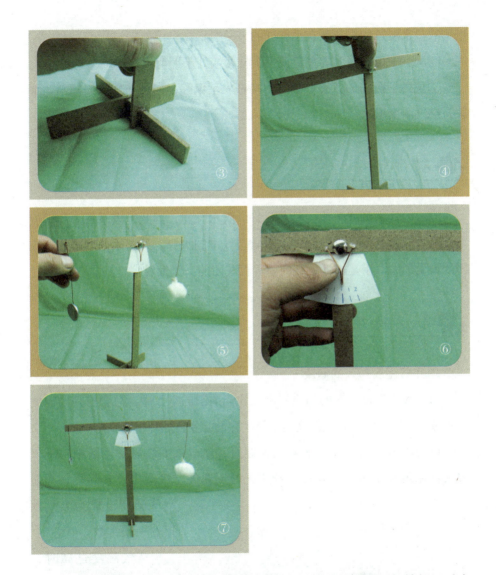

③把做底座的木条在中间位置锯出宽相当于板厚的锯口，并相互对应粘合。将平衡杆支架的一端也同样锯出一个锯口，粘合在底座上。

④在平衡杆中间部位和两端的位置各钻一个小孔，用螺钉穿过支架和平衡杆。注意，要使平衡杆能自由活动。

⑤在纸板上画出并剪下刻度表盘，贴在支架立杆上；用铜丝做一个Y形指针，并用大头针钉在平衡杆上。用尼龙线把重物系在平衡杆的一端，

把用浓盐水浸过的棉花系在平衡杆的另一端。

⑥调整平衡杆两面的重量使平衡杆两端处于平衡状态。

⑦观察平衡杆的状态，如果平衡杆发生偏移，向棉花球方向倾斜，那就是空气湿度增大。

柯博士告诉你

浸过浓盐水的棉花团，具有良好的吸水性能，因此，当空气中的湿度增大时，浸过盐水的棉花团就会吸收空气中的水分，并因水分增多使棉花团的重量加大，于是指针就会向系着棉花团的一侧偏转。

相关链接

◎ 空气湿度与人的健康

水是人类赖以生存的物质基础，我们周围的空气中，总含有一定比例的水蒸气，而适宜的空气湿度是人类生存的必要自然环境因素之一。

正是因为空气湿度影响着人体健康，所以人们在日常生活中，不仅要关注温度和晴雨，也要关注身边无时不在的空气湿度及其变化，因而空气湿度也成为天气预报的一项常数。

空气湿度过高时，人体汗液的正常蒸发受到阻碍，使脉搏加快，心脏、血液循环系统受影响，人们就会感到烦闷、无精打采、萎靡不振。湿度过小时，蒸发

加快，干燥的空气易夺走人体的水分，使人皮肤干裂，口腔、鼻腔粘膜受到刺激，出现口渴、干咳、声嘶、喉痛等症状，极易诱发咽炎、气管炎、肺炎等病症。

日本早稻田大学的研究人员，通过搜集分析近百年来世界各国流行病的相关资料后发现：白喉、流感、百日咳、脑膜炎、哮喘、支气管炎等流行病多发期及死亡率高峰期均集中在干燥的12月至次年3月。导致上述疾病的原因就是空气湿度过低使病毒和细菌繁殖过快以及人体的免疫系统能力降低。

低温低湿，则可加速机体散热，人会感到寒冷，血管收缩，人体新陈代谢降低。长时间在湿度较大的地方（如高山、海岛）工作、生活，还容易患风湿性、类风湿性关节炎等湿痹症。

同时，由于空气干燥，还促使尘土飞扬、物体干裂、生活环境恶化。

空气过于干燥或潮湿，也会利于一些细菌、病菌的繁殖和传播。科学家测定，当空气湿度高于65%或低于38%时，病菌繁殖滋生最快；当空气湿度在45%~55%时，病菌的死亡率较高。

医学研究证明，在一般情况下，居室湿度达到45%~65%，温度在20~25℃时，人的身体、思维皆处于良好状态，无论工作、休息都可收到较好的效果。

◎ 温湿度传感器

温度与湿度的物理量是人们生产和生活中的一个十分重要的物理量。测量温度和湿度的一体化仪器，在科技发展中诞生了。

温湿度传感器是指能将温度量和湿度量转换成容易被测量处理的电信号的设备或装置。

温湿度传感器是一种电子测量仪器，它可以自动采集温度、湿度的数据，并自动测量采集到的数据，也可以把这些数据转换为电讯号记录下来并传送出去。

温湿度传感器是气象观测部门观测空气温度、湿度变化的重要仪器；温湿度传感器在电子、制药、粮食加工、干燥、烟草、纺织、化工、生物工程、陶瓷冶金等生产中，监测生产环境、生产材料、设施等的温度、湿度中大显身手；在保鲜、仓储、图书馆、博物馆等行业与领域也有广泛的用途。

例如，为了保护珍贵的图书资料不被损坏或虫蛀，应对书库的空气温度、湿度进行适时监测。

◎ 空气湿度与生活品质

干燥的空气不仅会引发各种疾病，对人们的日常生活也有明显的破坏性，如造成家具变形、干裂、破损，木地板翘起等。研究表明，不同物品对湿度的要求是不同的：

人体最有利的环境湿度—45%—65%

最有利的防病、治病环境—45%—55%

衣料、棉毛纺织品存放—40%—60%

蔬菜、水果存放—60%—70%

糖果、点心存放—40%—60%

粮食存放—50%—70%

计算机、通讯器材的使用—45%—60%

家具—40%—60%

可见，使人们生活在比较惬意的环境的标准湿度应在40%~70%之间；而秋冬季节北方家庭室内湿度仅达10%~15%，因此干燥的空气每一分钟都在损害着人们的正常生活。

为了了解室内空气的湿度，人们都在室内墙上挂上空气温度湿度计。为了调节室内的空气湿度，人们在室内使用空气加湿器。

◎ 加湿器的用途

空气的湿度会影响农业生产、工业生产、科学实验，甚至会影响产品的质量。

因此，各种各样的空气加湿器被用在农业生产、工业生产和科学实验的环境中，以调整那里的空气湿度。

在电子厂、半导体厂、程控机房、防爆工厂等场所的湿度要求一般在40%~60%，如果相对湿度不够则会造成静电增高，使产品的成品率下降、芯片受损，甚至在一些防爆场所会造成爆炸。"静电轰击"所带来的危害是不可估量的，当空气湿度低于40%时是极易产生静电的，虽然人们采取了很多办法去除静电，而将空气湿度提高到45%以上是更为有效的办法之一。

纺织厂、印刷厂、胶片厂等场所的湿度要求一般都大于60%，如纺织厂的湿度要求一般在50%~85%之间，黄化工段防止静电、纺丝工段防止芒硝结晶都需要较高的湿度，棉纤维的含湿量直接影响纤维强度，总之，纺织车间的空气调节以保证工艺需要的相对湿度为主。在印刷及胶片生产过程中湿度不够会造成套色不准，纸张收缩变形，纸张粘连，产品质量下降等问题。

精密机械加工车床、各种计量室的湿度要求也很严格，例如精密轴承精加工、高精度刻线机、力学计量室、电学计量室等，如果湿度不够将造成加工产品精度下降、计量数据失真。

医药厂房、手术室等环境对湿度的要求更是具有必要性的，如果湿度不够将会造成药品等级下降、细菌增多、伤口不易愈合等问题。

另外，在卷烟、冷库保鲜、食品回潮、老化实验、文物保存、重力测试、保护装修、疗养中心等场所，对湿度的要求也都是很高的。

简易空盒气压表

空气是看不见摸不着的，但它是有重量有压力的，我们可以做一个简易的空盒气压表测一测空气的压力。

准 备

废旧罐头瓶或玻璃杯、气球、木板、竹针、层板条、橡筋、强力胶、棉线、尺、锥子、剪刀

制作过程

①剪下气球的一角，作为气压表的蒙皮。

②把蒙皮蒙在罐头瓶口，用棉线缠紧后在边沿处涂抹强力胶，以密封固定。

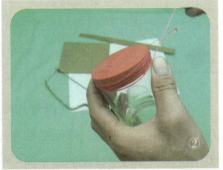

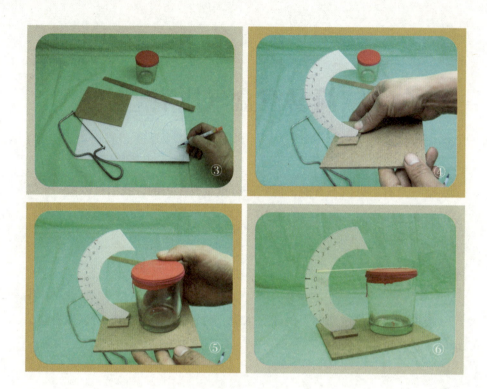

③在纸板上画出弧形标尺，并在标尺后面多粘几层纸板，以提高标尺的硬度。

④把标尺粘在木板上。

⑤用胶把罐头瓶粘在底座上。

⑥把竹针磨光滑后粘在皮膜上，使指针对准标尺。

柯博士告诉你

简易空盒气压表是利用气压变化作用于皮膜，使皮膜发生形变，牵动粘贴在皮膜上的指针发生位移，并指示标尺的简单演示气压变化的装置。当气压升高，皮膜下凹，指针摆动。

为了使标尺更接近准确，其刻度数应该与学校或当地气象站气压读数相对照而标定。

当然这种显示是不准确的，甚至有时因气压变化不大导致指针的显示也不大。因此，在气象站里使用的气压计，都是有精密的机械装置和电子装置的。

相关链接

◎ 气压与天气

天气预报常常听到 "高气压" "低气压" "高压脊" "低压槽" 等词汇。这些词都是指大气压在某一区域的分布类型。

地球表面上的风、云、雨、雪等，都和大气运动有关系，而造成大气运动的动力就是大气压分布的不平衡和气压分布的经常变化。因此，大气压与天气有着极为密切的关系。

由于地球表面高低不平，又因地域纬度的差异，因此各地在太阳照射下受热情况也就不同，各地的空气温度就有较大差别。温度高的地方，空气膨胀上升，空气变得稀薄，气压就低；温度低的地方，空气收缩下沉、

密度增大，气压就高。

另外，大气流动也是造成气压不平衡和经常变化的重要因素。这样，在地理情况千差万别的地球表面上空，就形成各种各样的气压分布类型，多种气压类型组合在一起就构成了一定的天气形势，而决定着未来的气象变化。

一定的气压类型往往导致一定的天气现象出现。例如，在高气压控制的区域，由于低处的空气不断从高压中心向外流散，上层空气就要下沉填补。空气在下沉过程中体积压缩（因大气压随高度的降低而增大），温度升高，原来空气中的细小水珠就会蒸发消散，不利于云雨的形成。因此高压中心附近地区常常是天气晴朗。而在低气压控制的区域，低层空气是从周围流向低压中心，使低层空气堆积上升。空气在上升过程中体积膨胀，温度降低，空气中的水蒸气凝结，易形成云雨。所以低气压中心附近往往是阴雨连绵。

◎ **气象观测中的气压**

气压即大气压强。空气是有重量的，因此，气压是指大气施加于单位面积上的力。所谓某地的气压，就是指该地单位面积垂直向上延伸到大气层顶的空气柱的总重量。

著名的马德堡半球实验证明：空气不仅有压力，而且这个压力还很大。一个成年人的身体表面积平均为两平方米，他全身所受的大气压力为20万牛顿。

气压的大小与海拔高度、大气温度、大气密度等有关，一般随高度升高按指数律递减。气压有日变化和年变化。一年之中，冬季比夏季气压高。一天中，气压有一个最高值、一个最低值，分别出现在9~10时和15~16时，还有一个次高值和一个次低值，分别出现在21~22时和3~4时。气压日变化幅度较小，一般为0.1~0.4千帕，并随纬度增高而减小。

气压变化与风、天气的好坏等关系密切，因而气压是重要气象因子。

气象观测中常用的测量气压的仪器有水银气压表、空盒气压表、气压计。

气象上常用百帕作为气压的度量单位。具体是这样规定的：把温度为0℃、纬度为45°的海平面作为标准情况时的气压，称为1个大气压，其值为760毫米水银柱高，或相当于1 013.25百帕。标准大气压最先由意大利科学家托里拆利测出。

◎ 气压的发现历程

1640年10月的一天，万里无云，在离佛罗伦萨集市广场不远的一口井旁，意大利著名科学家伽利略在进行抽水泵实验。他把软管的一端放到井水中，然后把软管挂在离井壁三米高的木头横梁上，另一端则连接到手动的抽水泵上。抽水泵由伽利略的两个助手（一个是富商的儿子——32岁志向远大的科学家托里拆利，另一个是意大利物理学家巴利安尼）拿着。

托里拆利和巴利安尼摇动抽水泵的木质把手，将软

管内的空气慢慢抽出，水在软管内慢慢上升。抽水泵把软管吸得像扁平的饮料吸管，这时不论他们怎样用力摇动把手，水离井中水面的高度都不会超过9.7米。且每次实验都是这样。

伽利略提出：水柱的重量以某种方式使水回到那个高度。

1643年，托里拆利又开始研究抽水机的奥妙。根据伽利略的理论，重的液体也能达到同样的临界重量，高度要低得多。水银的密度是水的13.5倍，因此，水银柱的高度不会超过水柱高度的1/13.5，即大约30英寸。

托里拆利把6英尺长的玻璃管装上水银，用软木塞塞住开口处。他把玻璃管颠倒过来，把带有木塞的一端放进装有水银的盆子中。正如他所预料的那样，拔掉木塞后，水银从玻璃管流进盆子中，但并不是全部水银都流出来。

托里拆利测量了玻璃管中水银柱的高度，与他设想的一样，水银柱的高度是30英寸。然而，他仍在怀疑这与水银柱上面的真空有关。

第二天，风雨交加，雨点敲打着窗子，为了研究水银上面的真空，托里拆利一遍遍地做实验。可是，这一天水银柱只上升到29英寸的高度。

托里拆利困惑不解，他希望水银柱上升到昨天实验时的高度。两个实验有什么不同之处呢？他陷入沉思之中。

一个革命性的新想法在托里拆利的脑海中闪现。两次实验是在不同的天气状况下进行的，空气也是有重量的。抽水泵真相不在于液体重量和它上面的真空，而在于周围空气的重量。

托里拆利意识到：大气中空气的重量对盆子中的水银施加压力，这种力量把水银压进了玻璃管中。玻璃管中水银的重量与大气向盆子中水银施加的重量应该是完全相等的。

大气重量改变时，它向盆子中施加的压力就会增大或减小，这样就会导致玻璃管中水银柱升高或下降。天气变化必然引起大气重量的变化。

托里拆利发现了大气压力，并找到了测量和研究大气压力的方法。

大气具有重量，并且向我们施加压力，这是一件非常又并且似乎显而易见的现象。然而，人们却因为气压已经成为你生活中的一部分，而感觉不到它。早期的科学家也是这样，他们从来都没有考虑到空气和大气层有重量。

托里拆利的发现是正式研究天气和大气的开端，让我们开始了解大气层，为牛顿和其他科学家研究重力奠定了基础。这一新发现同时使托里拆利创立了真空的概念，发明了气象研究的基本仪器——气压计。

◎ 空盒气压表

气象台、气象站的空盒气压表是测量大气压力的一种仪器。

空盒气压表用金属或非金属材料制成扁圆形的空盒，盒内常留有少量气体。

空盒气压表又称固体金属气压表，是一种轻便的测定大气压力的仪器。它利用大气作用于金属空盒上（盒内接近于真空）的压力，使空盒变形，通过杠杆系统带动指针，使指针在刻度盘上指出当时气压的数值。在大气压力作用下，空盒变形，其中心位移量可表示气压的变化。但因为气压引起的位移非常微小，无法直接用肉眼观察，所以常规的空盒气压表（计）通过曲柄连杠机构和齿轮传动机构，使位移的变化放大数十倍以带动装在指针轴上的指针在度盘上作圆周运动，从而测量气压的变化。

此外，也有将空盒的位移输出转换成电参

量输出，例如空盒中心位移带动电容器的一个极片位移、或带动电感衔铁位移、或带动电阻器滑动触点位移，就可成为变电容方式、变电感方式和变电阻方式输出，以便实现对气压进行遥测。用空盒制作的测压仪器具有重量轻，便于携带和安装，但由于金属膜片的弹性系数随温度变化，需采取温度补偿措施，空盒形变存在弹性滞后，以上两因素使空盒气压表测压精度低于水银气压表。

太阳高度角测量仪

在天文科学、气象学、航空、航海等方面，科学工作者都是用专用的仪器来测定太阳高度角的，既方便又准确。今天我们也制作一种简易太阳高度角测量仪。

准 备

纸板、螺钉、木棍或木条、木板或大盒盖、铅笔、圆规、直尺、剪刀、锥子、美工刀。

制作过程

①在纸板上画出一个圆和一个条形的观察测量架图。

②用剪刀把圆剪下来，并画出刻度。

③用美工刀刻好观察测量架上的通光方孔和指示针。

④把观察测量器放在圆盘上，使观察测量器和刻度圆盘的中心相对，并在圆心处钻一个小孔。

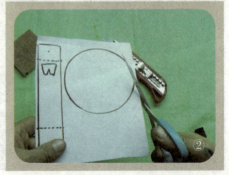

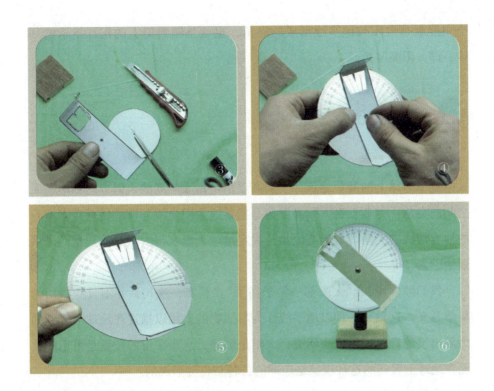

⑤用螺钉在前面把观察测量器和刻度圆盘串起来。

⑥最后，在木板的底板上钻一个孔，把木棍插进孔中，用胶粘合，将太阳高度角测量仪上的螺钉拧在木棍上。

柯博士告诉你

这是一个简单的太阳高度角测量仪，它可以在不校正水平、忽略水平位置的情况下，测量太阳高度角。

测量方法：把仪器放在阳光下，对准太阳的方向，转动测量架，使太阳光从太阳架的小孔中透过，并照射到测量架另一端的挡光板的中间处。因为光是沿着直线传播的，那么太阳光从小孔中透过，落到另一端的中心点上，这就是一条直线，而这条直线和刻度盘上的底边形成一个角度，这

个角度就是太阳与地平线形成的夹角，也就是测量架上的指针指示的刻度，即太阳高度角。

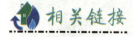 相关链接

◎ 太阳高度角

对于地球上的某个地点，太阳高度角是指太阳光的入射方向和地平面之间的夹角，专业上讲太阳高度角是指某地太阳光线与该地做垂直于地心的地表切线的夹角。太阳高度角是决定地球表面获得太阳热能数量的最重要的因素。

我们经常说，"太阳都一竿子高了"。其实，这句话并不具有确切的科学意义。这只是一种以地平线作为参照物的，用以描述在地球上看到的太阳出没的自然现象。实际上，太阳是恒星，它在宇宙的位置是恒定的，而在地球上看到的这种现象是地球的公转与自转形成的。

地球的公转与自转，在不断地、往复地改变着太阳光照在地球上的角度，因而，也改变着地球所接受到太阳的能量，因此，太阳高度角是决定地球表面获得太阳热量多少的重要因素。

我们用h来表示这个角度，它在数值上等于太阳与地平线在地平坐标系中的地平高度角。

小鸟的家

鸟类是天然的建筑师，它们根据自己的需要建造各自的鸟巢，但是鸟在迁徙中并没有很好的地方休息，有的时候有些鸟甚至失去了鸟巢。因此有许多爱鸟的人为小鸟建造了鸟巢。

准 备

三合板或废旧的木板或泡沫板、粘合剂、尺、手工锯、美工刀、涂漆、笔、铁丝或绳子。

制作过程

①首先，按照你自己设计的鸟巢的结构，把鸟巢的每一个结构图画在木板上。

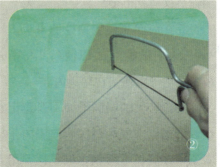

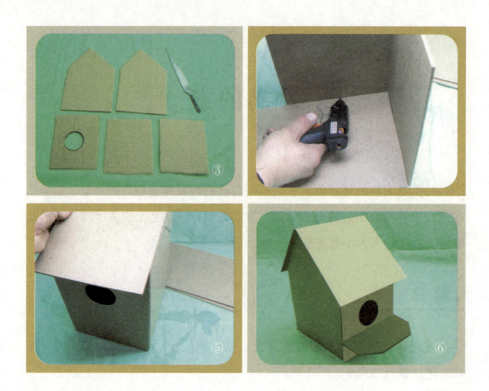

　　②把鸟巢的四壁、顶盖和底都锯成指定的形状。

　　③鸟巢的底为15厘米×15厘米，顶盖为18厘米×16厘米，左右两壁是梯形。

　　④用粘合剂将其粘合，并用木条将其粘合处加强。这样就可使鸟巢更加坚固。

　　⑤在前面靠近屋顶处的木板上钻一个直径为3厘米左右的圆洞，以便鸟儿将衔来的树叶、树枝、羽毛等东西垫在鸟巢内。

　　⑥在鸟巢的圆洞下面不要忘记给它安上一个小台阶，以方便小鸟探头向屋内张望。用一根小木条粘在洞口下面就可以了，不用太长太宽，只

要鸟儿能搭住脚就行。

⑦木板上打两个小孔，用铁丝或者绳子穿成一个环，接着把长长的棍子顶在鸟巢的出入口里，看见哪里有合适的树枝就挂上吧。对了，鸟巢的洞口要向南，鸟巢挂的高度在6米到8米之间。

相关链接

◎ 功不可没的鸟类朋友

研究资料表明：一窝家燕每年夏天可吃掉6.5万只蝗虫，一只雨燕每年夏天取食25万只蚊子，一对灰喜鹊每年可消灭松毛虫2万条，一只百灵鸟每年食虫3万条，啄木鸟每个冬天可将其活动区内80%的树干中的蛀虫啄出来。

据估计，每只猎隼一年捕食野鼠2 000只左右，可使4万平方米的草原或农田免遭鼠害；每只猫头鹰平均一个夏天能捕捉1 000只田鼠，可从鼠口夺下数千克的粮食。

太阳鸟、蜂鸟、啄花鸟等可以帮助植物授粉，绿鸠等食果鸟类可以帮助植物传播种子。

鸟类是自然界的天然艺术品，给我们带来了美学和娱乐方面的享受，

莺歌燕舞丰富了我们的精神世界，使我们的生活更加多姿多彩。

◎ 各种各样的鸟巢

人类有家，鸟类有巢，但是鸟类的巢穴和人类的家是不一样的，大多数的鸟类喜欢过着自由流浪的生活，鸟巢只是它们育雏即繁育下一代的地方。

鸟巢可以说是鸟类体外创造艺术的结晶。在我们生活环境的周围，最常见的要算是麻雀、喜鹊和家燕的巢了。三四月份，正是春暖花开季节，鸟类都进入了繁殖期。麻雀口衔干草，钻入瓦垄中絮窝；喜鹊从远处叼来干树枝，在高大的树杈上架巢；可爱的小燕子从河边飞来，嘴里含着湿润的泥土，与唾液混合在一起，一粒一粒地堆集在屋檐底下，精心雕筑它的家园。此时此刻，众多的鸟类都在忙于建造自己的安乐窝，不久，它们的小宝贝将要在这里诞生。天下鸟巢多种多样，有公开暴露的，有隐蔽不显的；有固定一处的，有漂浮不定的；有粗放简陋的，有精心巧制的；有长久使用的，有只用一年的；有借用它鸟窝巢的，有强占别鸟家园的……五花八门，各有特色。

鸟类建巢，大部分都是就地取材，既方便又节省时间，并巧妙地把巢

安置在隐蔽的地方，有时还加以伪装。根据鸟类学家的意见，鸟巢可以分成如下几类：

1. 浅巢：建造简单，在地面的低洼处，或在岸边沙滩的浅窝中，内铺垫一些干草、细枝、羽毛等而成。如夜鹰和某些鸥类的鸟巢。

2. 浮巢：用芦苇和水草在水面上搭成的巢。它可随着水的涨落而升高降低，像是一条不会沉落的小船，漂浮在水面上。如鹏鹏和白骨顶的巢。

3. 泥巢：正像前面所说的，家燕或金腰燕的巢，就是啄取湿泥、稻草、草根，在房檐下堆砌而成的半碗形或半个花瓶形状的巢。

4. 树洞巢：啄木鸟在树干处打洞筑巢，犀鸟利用天然树洞，略加修饰后，建成自己的巢洞。

5. 洞穴巢：山雀和山鸦利用岩石间的裂隙筑巢，翠鸟则在堤基的沙土隧道中安家。

6. 枝架巢：这种类型的鸟巢较多，如喜鹊、斑鸠、乌鸦等。它们在树上用干树枝架巢。

7. 纺织巢：这类巢做工精细，是一些鸟用草茎、纤维、兽毛等，在树杈或树枝上编织成的杯状巢、球状巢或吊巢。如黄鹂、文鸟和织布鸟的巢。

8. 缝叶巢：是将大型的植物叶片缝成囊状，再将此叶囊用草茎系在树枝上，雏鸟就生活在里面。如缝叶莺的巢。

9.食用巢：金丝燕在海边峭壁处，用唾液夹杂着海藻，做成浅杯状的燕窝。燕窝可食，富有营养，是高级的营养品。

此外，杜鹃鸟根本没有自己的巢，而把卵产在别的鸟巢里；三宝鸟有强占鹊巢的恶习；南极的企鹅，把卵安置在两脚间，在腹部皮肤折叠的囊中进行孵化。几千年来，可爱的鸟类，就在它们的形形色色安乐窝中繁衍后代，不但点缀着大自然的美丽风光，而且成为生态系统中不可缺少的重要成员。

鸟的生活环境不同，生活习性也不一样，它们的巢穴自然就各具特色，也可以说是千奇百怪，有的巢穴雄伟华丽、有的建造时间长。如眼斑冢雉筑造的巢穴是个直径有10米，高有4米的大土堆，这可算是宏伟的建筑了；白尾海雕的老巢使用了约有80年，这个巢的重量有2吨。

建巢的时间长短也不一样，有的时间很短，有的却是一个长期的工程。鸵鸟、燕鸥、南极企鹅等，只要找一个坑，衔一些石子，就算完工了，而锤头鹳建造一个巢穴要120天的时间，简直和我们人类建造一座别墅的时间差不多了。

建巢的材料也不一样，有的用石子，有的用枯枝。燕子衔泥做巢，金丝燕用自己的唾液和海洋藻类做巢，这种巢过去被视为营养上品，其实，这是破坏生态平衡的陋习。

小鸟喂食器

冬季来临，大雪纷飞。这时正是北方的留鸟觅食最困难的时期，它们甚至挨饿受冻。人类应在这时帮助鸟类渡过难关，但是，有些鸟害怕接近人，怕人类伤害它们。但是如果我们把鸟食任意撒在地上，就有可能被冰雪覆盖；所以我们可以制作一个小鸟喂食器，让小鸟自由自在地取食。

准 备

饮料瓶、木板、铁丝、铁钉、谷物、锯、锤子、笔、胶。

制作过程

①在木板上画出一个长方形和一个正方形。
②用锯把木板锯开，并用胶和钉子把木板固定成L形。

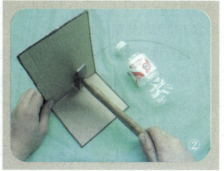

③用铁丝把饮料瓶倒着固定在木板的直立一侧，注意固定时一定要让瓶口和底板留有一定空隙。

④最后，在瓶子里装上谷物，再把这个喂食器固定在树干上。小鸟就会自己来觅食了。

相关链接

◎ 鸟类的食物

世界上大约有鸟类9 000多种，它们生活在不同的环境里，因此各种鸟类都有着它们各自的生活习性和形态特征，这就形成了它们食性的不同。

在鸟类大家庭中，植食性鸟类和杂食性鸟类当然居多数，因为，我们这个世界上植物性食物太丰富了，因此植物性食物是食物链的基础，是生态金字塔的最底端。

植食性鸟类往往也杂食，兼食虫类，所以单纯的植食性鸟类是较少的。蜂鸟是吸食花蜜为食的，可以说是植食性鸟类。山雀、麻雀、喜鹊等都是杂食性鸟类，麻雀不是只偷食作物的种子，喜鹊也不是只吃田里的瓜果，它们对田里的害虫也毫不客气，是灭虫的好手。

游禽、涉禽大都是肉食性鸟类，它们在水中或在岸边捕食水中鱼类等生物。大型的猛禽鸟类都是捕食其他动物为食的。猫头鹰专门捕食鼠类，啄木鸟专门捕食危害森林树木的害虫，所以人们应对它们更加爱护。

◎ 消灭害虫的勇士

自然界中的鸟类有万余种，1 000多亿只。它们的食性复杂，生活方式多样，栖息在各种生态环境中，是维护自然界生态平衡的重要因素。对人类利益而言，它们是整个动物界中益处较大而害处极小的类群。

鸟类最明显的益处就是消灭害虫。很多鸟类以昆虫为食，是农田、果园中多种害虫的天敌和克星。一只白脸山雀的幼鸟每天可啄食松毛虫1

800条，吃飞蛾30只；欧洲的粉红掠鸟还能够追踪蝗虫沿途啄食。自然界中的食虫鸟成千上万，所捕食的昆虫千差万别，在消灭害虫方面的作用的确是难以估计的。

鸟类在消灭害兽方面的功绩也不小，特别是猫头鹰和鹰等猛禽，大多以老鼠等啮齿类动物为食，对控制农业、林业鼠害以及危险疫病的传播，有着重要的贡献。猫头鹰的食物中99%是啮齿类动物，一只猫头鹰一个夏季所消灭的老鼠，相当于保护了一吨粮食。

弹射纸板飞碟

飞碟是人们感兴趣的话题之一，用塑料制作的飞碟又是人们锻炼身体的一种玩具，根据上凸下凹的近似于平面的较轻圆形物体，可以在空中旋转飞行的原理，我们也可以用纸板做一个纸飞碟。

 准　备

纸板、白胶、圆规、尺、铅笔、剪刀、橡筋。

制作过程

①在纸板上画出两个同心圆，然后在外圆画出三个120°的弧、连接这个弧的顶点；在纸板上再画一个稍大于前一个的圆，然后，再画出剪开口。

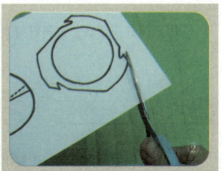

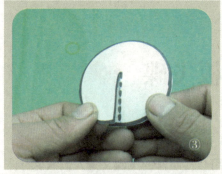

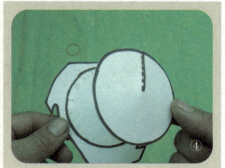

②剪下这飞碟的顶部和边缘圈。照此做出两片，并把两片粘在一起，用重物压平，以提高刚度。将边缘圈的中心挖去呈环形。

③将飞碟的顶部沿半径剪开一个口；在粘合口处涂上白胶，粘成飞碟顶部。

④沿草帽形的边沿涂上白胶，对准环形圈粘在中间。草帽形的飞碟做成了。

⑤用橡筋套在任意一个弹射勾上弹射飞碟，飞碟就会弹向空中平稳地飞行。

柯博士告诉你

这个由纸板做的飞碟向空中弹出时，旋转的飞碟就会在空中飞行一段时间。

纸板飞碟的形状是这个飞碟产生升力的主要原因之一，而用橡筋的弹射为飞碟提供了动能。

这个飞碟的形状像是一个草帽，它的上部凸起，下部向里凹，在飞碟弹起时，飞碟在空气之中的运动，使飞碟的上下部分产生了压力差，使运动中的飞碟产生了升力，因此飞碟能在短时间里飞行。

相关链接

◎ 圆形飞行器

目前，美国公司成功研制一种像飞碟一样的飞行器，预计这款新颖飞行器将很快投入市场。它非常像飞碟，却并不能在太空中飞行，只能脱离地面3米高，以120公里/小时速度飞行。

这款非常值得期待的"飞碟"有两个座位，可以垂直起飞和降落，其尺寸大小与传统汽车差不多。2009年，美国加利福尼亚州莫勒国际公司希望能够生产此种个人娱乐型飞行器。

圆形设计的飞行器还具有很大的优势，它比直升机等其他垂直起飞降落的飞行器飞行速度快，它没有轻薄的机翼，很难被雷达探测到，便于实

现隐蔽性勘测任务。

虽然这样的飞碟飞行器具备许多优点，但是这项技术仍存在着诸多缺点，最大的挑战就是圆形飞行物飞行时非常不稳定，为了克服这些障碍，摩勒国际公司的飞碟飞行器采用先进的推进系统实现稳定，该飞行器使用8个小管道风扇，每个风扇装配旋转发动机，这样可以使圆形飞行器在空中飞行，并推动其向前、向后或者斜侧飞行。这种飞行器采用铝和玻璃纤维等超轻材料制造，这将增大飞行器的强度和最大飞行功率。

由于其飞行高度限制在3米左右，因此，即使未通过美国航天标准飞行员资格认可也能驾驶。

◎ 关于UFO

UFO全称Unidentified Flying Object，中文意思是不明飞行物。

20世纪以前较完整的目击报告有350件以上。据目击者报告，不明飞行物外形多呈圆盘状（碟状）、球状和雪茄状。20世纪40年代末，不明飞行物目击事件急剧增多，引起了科学界的争论。持否定态度的科学家认为很多目击报告不可信，不明飞行物并不存在，只不过是人们的幻觉或是目击者对自然现象的一种曲解。肯定者认为不明飞行物是一种真实现象，正在被越来越多的事实所证实。到80年代为止，全世界共有目击报告约10万件。

人们对 UFO 做出种种解释，其中有：

1. 某种还未被充分认识的自然现象或生命现象；

2. 对已知物体、现象或生命物质的误认；

3. 特定环境下一些社会群体或个人的幻觉，心理现象及弄虚作假；

4. 地外高度文明的产物；

5. 外星人的操纵；

6. 人们不能自己制造，不能完全认识的智能飞行物或飞行器。

全世界许多国家开展对 UFO 的研究。关于 UFO 的专著约 350 余种，各种期刊近百种。世界各国均有一批专家参加此项工作。中国也建立了以科技工作者为主的民间学术研究团体——中国 UFO 研究会。中国关于 UFO 的科普刊物《飞碟探索》于 1981 年创刊。

其实，到现在科学家仍没有查出 UFO 的真相，UFO 的谜团仍然困扰着人们，至于何时揭开这个谜团，我们无从知晓。

飞 盘

旋转的盘子可以飞得更远，不过这不是普通的盘子，而是由纸杯和纸盘做的一个盘子。做一个试试，并找出它有趣的地方吧！

准 备

一次性纸杯、纸盘、白胶、剪刀、圆规、笔。

制作过程

①将纸杯上半部剪去。

②在余下的纸杯口处，用剪刀沿边缘每隔5毫米剪出一个5毫米长的剪口，并折叠这些剪口用作粘接边。

找出纸盘的中心，并画一个圆，使这个圆的大小略小于纸杯的杯口。

③以另一个纸盘中心为圆心画一个略小于杯口的圆，并把这个圆挖

去，将纸杯穿过纸盘中的这个圆。

④把杯口的粘接边涂上白胶，然后粘在圆盘上。

⑤最后，把另一个纸盘也挖出一个圆孔，和前一个纸盘相对粘合在一起，形成一个帽子状的飞盘。

柯博士告诉你

这个飞盘的外形好像一个礼帽，它有大大的帽檐式的边缘，而这个边缘的形状是边缘狭窄，并向纸杯处逐渐倾斜加厚。

飞盘特殊的形状在转动时会因其上面和下面的气压差而产生升力，因此，飞盘被抛出后，会在空中旋转地向前飞行。

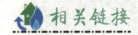
相关链接

◎ 飞盘和飞盘运动

飞盘运动是一种新兴的、深受欢迎的运动，这项运动是以投掷或抛扔塑胶制盘状器具为主要的形式。其基本玩法是用力抛向空中，经一段飞行而降落时，由自己或他人用手接住，近年来已发展出各种不同的玩法。

现代塑胶飞盘是由美国西岸的瓦特·弗列德瑞克·摩里森于1948年首先开发出来的，然而其惯用英文名称却与远在东岸的一家派饼店有关。

"福瑞斯比派饼店" 最早创立于康乃迪克州桥港，以制作贩售派饼闻名，后来在邻近城市开设多家分店。一开始是附近大学生吃完福瑞斯比的派饼之后，顺手投掷空锡盘作乐，并称此动作

为"福瑞斯比"。随后这项活动逐渐流行开来,并散播到新英格兰地区的各所大学。然而,当时此一活动仅能算是餐后的余兴节目,与现代飞盘及飞盘运动并无直接相关。

1937年,出生于犹他州的摩里森与其女友在洛杉矶丢掷爆米花的空罐盖时,激发出设计飞盘的灵感。1946年,摩里森画出现代飞盘的第一张设计图。1948年,摩里森找人合伙,以塑胶为原料成功研制出世界上第一枚现代飞盘,并称之为"飞行浅碟"。1955年,摩里森开发出新型飞盘,由于当时外太空不明飞行物之说极为盛行,故将它命名为"冥王星浅盘"。1957年,开发呼拉圈的一家公司签下了摩里森飞盘的市场专卖权,仍以"冥王星浅盘"为名上市出售。

1964年,艾德·黑德里克开发出第一个职业运动级的新飞盘。

1967年,黑德里克在洛杉矶成立了国际飞盘协会,随后又主导确立了许多飞盘运动项目的规则,因而被誉为"飞盘运动之父"。

1974年,第一届世界飞盘锦标赛在加州玫瑰杯球场举行。1983年,世界飞盘联盟成立。

标准的飞盘以塑胶制成,直径宽20厘米到25厘米。飞盘运动的比赛项目有掷远赛、掷准赛、越野赛、掷接赛等。

七 巧 板

　　七巧板是一种有趣的智力游戏，它是把一个大的正方形分割成形状大小不同或相同的七块板组成的。而这七块板可拼出千种以上不同的三角形、平行四边形、不规则多边形、各种人物、动物、桥、房、塔等等，也可以拼出中、英文字母。

 准 备

　　白板纸、笔、直尺、剪刀、广告色。

制作过程

①在纸板上画出加工图。
②这就是标准的加工图形。

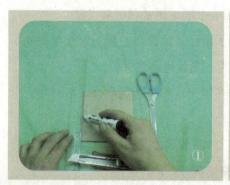

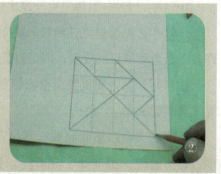

③用剪刀按加工线剪下这7个图形。

④这就是剪开的七巧板。

⑤用广告色涂上颜色。

⑥用七巧板摆一个图形吧。

柯博士告诉你

　　七巧板拼图是一个数学游戏，它是由若干个三角形、正方形、平行四边形组成，并在拼图中使图形变化多端。这个游戏是学习观察、思维、推理方法的一个具有创造性的学习工具。通过这个游戏可以丰富我们的想象力和创造力。

相关链接

　　根据近代数学史家们的研究，七巧板始于明、清两代间，它是由中国人发明的；另有少许人士说七巧板已经发明一千多年了。

　　七巧板本来的面目是"燕几图"，燕几的意思是招待客人宾宴用的案几。引发这个典故的人是北宋进士黄伯思，他先设计了六件长方形案几，于宴会时能视宾客多少适当调整位置，随后又增加一件小几，七件案几全拼在一起，会变成一个大长方形，分开组合又可变化无穷，这已和现代七巧板相差无几了。

后来，明朝戈汕依照"燕几图"的原理，又设计了"蝶翅几"，由不同的三角形案几组成的，拼在一起是一只蝴蝶展翅的形状，分开后则可拼出一百多种图形。

现代的七巧板就是在"燕几图"与"蝶翅几"的基础上发展出来的。七巧板在明、清两代很快就传往日本和欧洲。1805年，欧洲的书目中已经收有介绍中国七巧板的书籍。七巧板的玩法简易，就是用七巧板内七块板拼出各种各样千变万化的图案，也可以跟朋友们比赛试试看谁拼得最多。

七巧板以形状概念、视觉分辨、认知技巧、视觉记忆、手眼协调、鼓励开放、扩散思考、创作机会为其特色。帮助中小学生学习基本逻辑关系和数学概念，认识各种几何图形、数字及认识周长和面积的意义。

正多面体

　　所谓正多面体是指多面体的各个面均呈全等正多边形，每个正多面体的各边的长和顶角的交角均相等。常见的正多面体有：正四面体、正六面体、正八面体、正十二面体、正二十面体。

准　备

　　纸板、白胶、铅笔、直尺、广告色、剪刀、美工刀。

制作过程

● 做一个正四面体

　　①在纸板上画出正四面体的展开图。

　　②用剪刀按剪开线剪开。

　　③按粘贴线折叠，然后逐条在粘贴线涂上白胶。

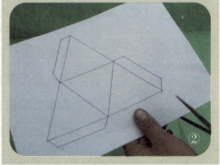

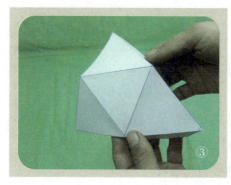

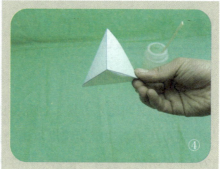

④把各条粘贴线粘贴在相应的地方。

● 做一个正十二面体

①在纸板上画出正十二面体的展开图。

②用剪刀按剪开线剪开。

③按粘贴线折叠，然后逐条在粘贴线涂上白胶。

④把各条粘贴线粘贴在相应的地方。

相关链接

◎ 魔方

魔方，又叫魔术方块，也称鲁比克方块，是匈牙利布达佩斯建筑学院厄尔诺·鲁比克教授于1974年发明的，魔方是由富于弹性的硬塑料制成的六面正方体。魔方与中国人发明的"华容道"、法国人发明的"独立钻石"一起被称为智力游戏界的三大不可思议，而魔方受欢迎的程度更是智力游戏界的奇迹。

当初厄尔诺·鲁比克教授发明魔方，仅仅是作为一种帮助学生增强空间思维能力的教学工具。但要使那些小方块可以随意转动而不散开，不仅是个机械难题，还牵涉到木制的轴心、座和榫头等问题。直到魔方在手时，他将魔方转了几下后，才发现如何把混乱的颜色方块复原竟是个有趣而且困难的问题。厄尔诺·鲁比克决心大量生产这种玩具。魔方发明后不久就风靡世界，人们发现这个小方块组成的玩具实在是奥妙无穷。

魔方核心是一个轴，并由二十六个小正方体组成。包括中心方块六个，固定不动，只一面有颜色，边角方块八个（三面有色）（角块）可转动，边缘方块

十二个（两面有色）（棱块）亦可转动。玩具在出售时，小立方体的排列使大立方体的每一面都具有相同的颜色。当大立方体的某一面平动旋转时，其相邻的各面单一颜色便被破坏，而组成新图案立方体，再转再变化，形成每一面都由不同颜色的小方块拼成。玩法是将打乱的立方体通过转动尽快恢复成六面呈单一颜色立方体。

魔方品种较多，平常说的都是最常见的三阶立方体魔方。其实，也有二阶、四阶、五阶等各种立方体魔方（目前有实物的最高阶为九阶魔方）。还有其他的多面体魔方，魔方的面也可以是其他多边形。如五边形十二面体：五魔方，简称五魔，又称正十二面体魔方。

◎ 钻石

钻石是指经过琢磨的金刚石，金刚石是一种天然矿物。简单地讲，钻石是在地球深部高压、高温条件下形成的一种由碳元素组成的单质晶体。人类文明虽有几千年的历史，但人们发现和初步认识钻石却只有几百年，而真正揭开钻石内部奥秘的时间则更短。在此之前，伴随它的只是神话般具有宗教色彩的崇拜和畏惧的传说，同时把它视为勇敢、权力、地位和尊贵的象征。如今，钻石不再神秘莫测，更不是只有皇室贵族才能享用的珍品。它已成为百姓们都可拥有、佩戴的大众宝石。钻石的文化源远流长，今天人们更多地把它看成是爱情和忠贞的象征。

　　钻石的化学成分是碳，是唯一由单一元素组成的宝石，属等轴晶系。晶体形态多呈八面体、菱形十二面体、四面体及它们的聚形。钻石的硬度为10，是目前已知最硬的矿物，绝对硬度是石英的1 000倍，刚玉的150倍，怕重击，重击后会顺其纹理破碎。钻石具有发光性，日光照射后，夜晚能发出淡青色磷光。X射线照射，发出天蓝色荧光。钻石的化学性质很稳定，在常温下不容易溶于酸和碱，酸碱不会对其产生作用。

　　想到南非人们往往就会想到钻石。南非产出的钻石素以颗粒大、质量佳而著名。从矿山开采出来的钻石毛胚中有50%可以达到宝石级。五十几年前，南非的钻石产量居世界首位，所以常有顾客会问"这颗是南非钻石吗"。随着时间的推移，南非的钻石产量逐年减少。1987年南非钻石产量为1 000万克拉，是世界总产量的10%左右。

熊猫玩双杠

国宝熊猫总是憨态可掬、喜欢运动的，这里的玩具是一个在曲线双杠上的纸制熊猫，它在曲线双杠上来回滚动。熊猫在曲线双杠上往复滚动是有科学道理的，做一个小玩具体验一下吧。

准 备

木板、铁丝、纸板、钳子、剪刀、锥子。

制作过程

①用锥子在木板上的适当位置扎四个洞。

②把铁丝用钳子弯成向下凹的曲线双杠，并把四个端头分别插进木板的四个小洞。

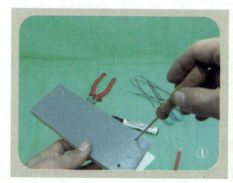

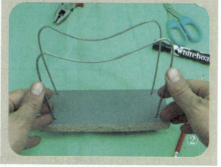

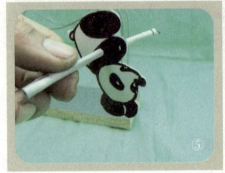

③在纸板上画出两个相对的熊猫，用剪刀剪下。

④把另外的铁丝穿过这两个熊猫的中部。

⑤卷两个细纸筒，分别套在穿过熊猫铁丝的两端。注意，要缠绕得光滑。

⑥把熊猫放到双杠的一端，用手轻轻一推，熊猫就会在双杠上往复地翻跟头。

柯博士告诉你

这个玩具中的熊猫是在一个有弧度的双杠上，沿着弧度进行运动的，由于重力和惯性的作用，熊猫会沿着双杠的曲线滚动，熊猫向下滚动到曲线双杠的最低点，并冲过最低点，向另一边的高处冲击，当到一定的高度时，熊猫受重力的作用会停止冲击，并向相反的方向滚动。这时熊猫就会沿着有曲线双杠向原来的方向滚动。如此反复滚动直至能量耗尽，熊猫会停止在曲线双杠的最低点处。

相关链接

◎ 花样滑冰运动员的转速

滑冰是一项人们喜欢的冰雪运动，并且很早就被列入冬奥会项目。特别是花样滑冰更是受到人们的青睐。

花样滑冰的动作丰富多彩，双人滑中有许多十分复杂的托举和抛接动作，特别是在自由滑中，有更多独特和创造性的表演。在单人比赛中，也有许多机会表现各种高难度、旋转、跳跃

转体和燕式平衡动作。

其中，花样滑冰的转动更令人称奇，他们的转速一会变慢，一会快得令人眼花缭乱。

如果你认真观察和思考，会发现这里还真有许多的道理呢。

花样滑冰运动员在旋转时先是水平伸开双臂旋转，接着又将手臂收回，他们的转速也随着这一伸一收而发生变化。当手臂伸直时转速会变慢，当手臂收回时转速会加快。

这是因为张开手臂时，身体的部分质量分布远离转轴，惯量较大。这时转速就会变慢；收缩手臂时，惯量变小，这时，转速也就会加快。

拉线风扇

炎热的夏天，我们都盼望有一丝凉意，扇子和电风扇都是经常见到的日用品，这里告诉你如何自制拉线风扇，你不妨试一试。

准 备

塑料瓶盖、桶状塑料盒、自行车辐条、螺母、螺帽、胶带、腊线或尼龙线、纸板、胶水、锥子、美工刀。

制作过程

①找出塑料瓶盖的圆心，并在圆心处钻一个3毫米的小孔，把自行车辐条从小孔中穿过，塑料瓶盖的上部和下部用螺帽固定，这就做成了风扇转动轴。

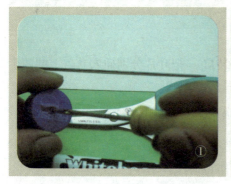

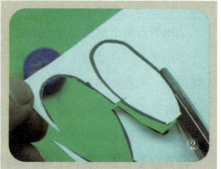

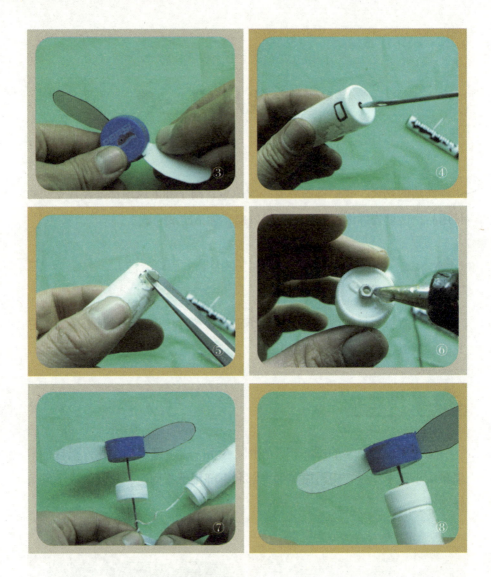

②用剪刀将纸板剪出风扇的叶片。

③用美工刀在盒盖上刻出叶片安装口。把叶片分别插入盒盖上的两个安装口处，用胶粘牢。

④在盒底和盒盖处分别扎一个风扇轴小孔。这个小塑料瓶就是风扇手柄。

⑤在风扇柄上的侧面挖出一个方形风扇拉线孔。

⑥在盒盖上下用胶粘上两个螺帽作为轴套。

⑦将风扇轴穿过手柄盖，然后在轴上缠绕几圈胶带，顺便把细尼龙绳系在胶带上，另一端从手柄内穿过穿线小孔，并在线的末端系上一个环扣。

⑧用左手拿住手柄，右手一根手指套进尼龙绳末端的环扣，拽住尼龙绳拉动，风扇就会转动，不停地送拉尼龙绳，风扇就会不停地转动。

柯博士告诉你

这个拉线风扇，是利用惯性原理制作的一个小的简单机械。风扇是由塑料盒盖和自行车辐条组成的轮轴，而盒盖又是一个惯性轮。在拉线时，给轮轴加了动能，因而惯性轮也被带动。当把缠绕在轮轴上的绳子拉直时，轮轴就失去了用手拉绳加给轮轴的动能。但是，惯性轮在拉绳后转动的过程中，产生的惯性会使惯性轮继续旋转，于是尼龙绳会在拉直后，向继续转动的轮轴上缠绕，不过，是向相反的方向缠绕。你不停地拉送尼龙绳，风扇就会不停地改变方向的转动。

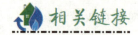 相关链接

◎ 惯性轮

惯性轮是利用了转动惯量的机械装置。

即在一个轮轴上加装较重的轮（或在普通轮上加载重物），当轮转动起来后，因质量较大，转动惯量大，转动不易停止，可以驱动轮轴持续转动一段时间。

这种惯性轮在儿童玩具车辆中比较常见。在电动玩具车尚未普及时，这种惯性车是儿童最高档的玩具。

现在在自行车中也有应用，自行车爬坡或逆风时，可以用手扳动加力杠杆使惯性轮中心轴转动，推动车身前进。它基本上不改变现有普通自行车结构，很容易安装，尤其在丘陵等多种地形条件和长途行驶时，可以感到有不断推动自行车前进的力量以减轻疲劳。

◎ 惯性助推火箭发射

航天火箭的发射地点的选择是非常重要的，众所周知，要将一公斤物品送入太空，就要消耗成百上千公斤的燃料。因此，卫星专家总是在绞尽脑汁保证卫星功能齐备的同时尽量减轻卫星的重量。但运载火箭的体积不能无限膨胀，卫星的重量也不能无限减轻。科学家们发现可以巧妙地借用地球的自传惯性，提高发射

的载荷效率。

　　地球自转的方向是由西向东的，如果火箭向东发射，就可以利用地球自转的惯性，节省推力。在地球上不同纬度处由西向东转动的速度也不一样，在赤道处最大，而在南北极最小，速度几乎为零，因而在赤道附近顺着地球自转的方向（由西向东）发射卫星最为省力。

　　火箭升空后一般会顺着地球自转的方向飞行，这样能获得更大的初速度，以节省燃料。

　　于是，选择建立发射场时，最佳的地点就是低纬度地区，最好选择在赤道附近，因为这样可使火箭发射后得到地球自转赋予的向东的初速度，提高运载能力。

　　目前，国际上公认理想的发射场是设在南美洲圭亚那库鲁的发射场。发射场的纬度为南纬5°，由欧洲有关空间机构管理。欧洲的"阿丽亚娜"火箭就是在这里发射的，这也是"阿丽亚娜"火箭一个重要的竞争优势。

活动报晓鸡

单摆是简谐运动，这种运动的形式被著名科学家伽利略发现。此后在惠更斯的指导下，人类发明了摆钟，从此人类有了更为准确方便的计时工具。下面的小制作就应用了单摆的原理。

准 备

木板、木条、厚纸板、易拉罐底或塑料盒、尼龙绳、白胶、砂纸、细铁丝、铆钉、剪刀、广告色、笔、钳子。

制作过程

①把木板用砂纸磨光滑，在木板的中心处钉上钉子。

②把木条用砂纸磨一下，在顶端涂上胶，钉到底座的钉子上。

③在纸板上分别画出鸡头、鸡身、鸡尾。

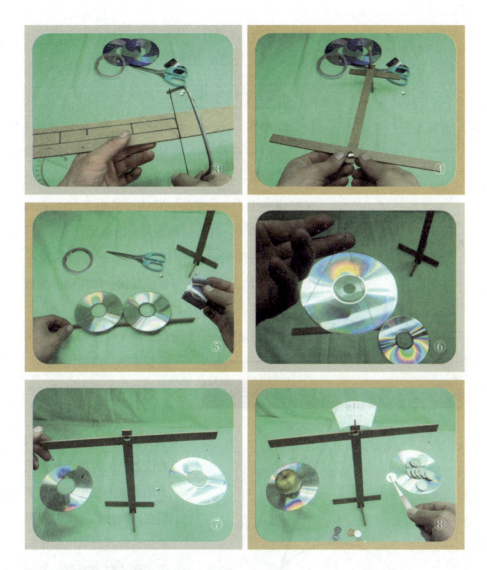

④用剪刀剪下鸡头、鸡身、鸡尾。

⑤用铆钉把鸡头、鸡身、鸡尾连起来，保证它们这几部分可以自由活动。把鸡身用胶粘在支架的上端。

⑥把易拉罐底扎一个小孔并用尼龙绳穿起来，系在鸡头和鸡尾的小孔上。这部分就是摆。

⑦把摆拉到一边，轻轻松手，摆就会左右摆动，鸡的首尾也就会跟着

摆动。

⑧用广告色涂上颜色。

◎ 单摆

一根不可伸长、质量不计的绳子，上端固定，下端系一质点，这样的装置叫作单摆。单摆在摆角小于5°（现在一般认为是小于10°）的条件下振动时，可近似认为是简谐运动。

单摆做简谐运动的周期跟摆长的平方根成正比，跟重力加速度的平方根成反比，跟振幅、摆球的质量无关。

伽利略是第一个发现摆振动等时性的人，并用实验求得单摆的周期随长度的二次方根而变动。惠更斯制成了第一个摆钟。单摆不仅是准确测定时间的仪器，也可用来测量重力加速度的变化。和惠更斯在同时代的天文学家里希尔曾将摆钟从巴黎带到南美洲法属圭亚那，发现每天慢2.5分钟，经过校准，回巴黎时又快2.5分钟。惠更斯就断定这是由于地球自转引起的重力减弱。牛顿则用单摆证明

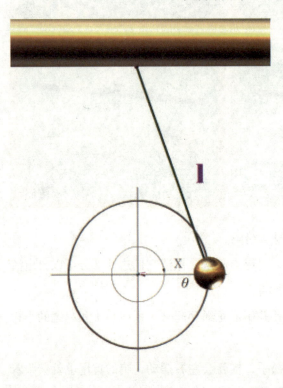

物体的重量总是和质量成正比的。直到20世纪中叶，摆依然是重力测量的主要仪器。

◎ 摆钟

摆钟是根据单摆定律制作出的一种时钟。也是早期的一种机械计时工具。它用摆锤控制其他机件，使钟走得快慢均匀，一般能报时。

1582年~1583年，意大利物理学家和天文学家伽利略发现了摆的等时性。1657年，荷兰物理学家和天文学家惠更斯发现摆的频率可以计算时间，利用摆的等时性原理发明了摆钟。摆钟可根据用途和要求制成座钟、挂钟、落地钟、子母钟、天文钟等形式。

摆动的钟摆是靠重力势能和动能相互转化来摆动的。

摆钟的机芯结构通常包括走时和报时两大系统。走时系统包括走时原动系、传动系、擒纵调速系、上条拨针系和指针系五个部分。

由于科技的发展，新的、更准确的计时工具不断出现，摆钟已逐渐淡出人们的视野。

简易风筝

　　春天里，多彩的风筝在天空飘荡，这一古老的健身娱乐活动深受人们的欢迎，并随着科技发展而不断增添新的花样。

准　备

　　竹条、细尼龙绳、白胶、双面胶、尼龙绸或棉纸、彩纸、剪刀、美工刀。

制作过程

　　①用刀把竹子削成5毫米宽、3毫米厚、光滑、平整的竹条。截取一段长的为纵梁，稍短一些的为横梁。
　　②按计划的尺寸剪好风筝棉纸。

③铺好棉纸，在纸面贴上双面胶。

④在铺好的棉纸上，把竹条放在棉纸上调试一下粘贴位置。然后，在纵梁和横梁相交的地方刻上相对的凹槽，扣紧。再用细尼龙绳扎紧，用胶粘牢。

⑤把双面胶按着风筝摆放的位置贴在风筝下角的棉纸上。再用彩纸贴上一条尾巴配重。

⑥对风筝进行美化。比如，画上一个京剧脸谱，拴上一根提线栓，试放一下风筝，调整提线栓看是否合适。

相关链接

◎ 风筝的种类

风筝的种类极为丰富，一般可分为几大类。

按照风筝的功能分类，可分为玩具风筝、观赏风筝、特技风筝、实用风筝等四类。其中玩具风筝是最为普及的风筝，这种风筝结构简单、制作容易、造价低廉，是风筝中花色最多、变化最丰富的品种，深受广大青少年的欢迎。其中不少品种已成为大规模生产的产品，成为市场上的畅销商品。

一些特技风筝在空中上下翻飞，像空中战机角斗，或长串成龙，或空中投伞。

实用风筝能用来进行空中摄影、通讯、救生、探测等，也可以用来充当无线电天线或牵引车船等。

风筝还可以按艺术风格、造型、构造等方法分类。

按风筝的艺术风格可将风筝分为宫廷风筝、

民间风筝及现代风筝三类。

根据风筝的造型、按照其表现的题材内容可分为鸟形风筝,如鹞、沙燕等;虫形风筝;水族风筝,如青蛙、金鱼、蝌蚪等;人形风筝,包括各种神话人物、历史人物、戏剧人物,如孙悟空等;文字风筝,如双喜字、福字、寿字等;器形风筝,如花篮、扇子等;几何图形风筝,菱形、八卦等。

按风筝的构造分类可分为硬翅风筝、软翅风筝、拍子风筝、直串风筝、桶形风筝、半挑风筝、软风筝等七类。

◎ 放风筝——一项有益于心身健康的活动

风和日丽、春暖花开的季节里,到郊外放飞风筝,无疑对身心健康大有好处。

一家人在小溪河边漫步,远眺翠绿的山峦,近看碧柳摇曳,十分惬意。当你选择一个空旷的地方,把风筝放飞起来时,不觉心中又添几分乐趣。对长期生活在高楼大厦林立的城市的人来说,在郊外放风筝更是一种不可多得的享受。

　　跑跑停停，仰望高空中的风筝，拉拉拽拽，不停调整着风筝线，和谐的动作、清新的环境，对你的心身健康大有好处。

　　家人难得有这种亲和的机会，谈天说地，交流放风筝的体会、经验。

　　放风筝是一项亲和的、自然的、简单的体育活动，受到广大群众的欢迎。山东潍坊的风筝会，吸引了数十万国内外的爱好者参加比赛或观看，国家也把风筝比赛列入了国家体育比赛项目，并制订了比赛规则。

　　美国著名科学家富兰克林是个放风筝的高手，他用风筝做过著名的科学实验。即在河中一边游泳，一边放着风筝，让空中的风筝拖着他在水面上前进。

　　著名喜剧大师卓别林，善于用风筝钓鱼。每当金枪鱼汛期到来时，他常常到一个海岛上去，用风筝钓金枪鱼。印度东部沿海的渔民，也常常用风筝把鱼饵和鱼钩送到离海岸几百米远的海面上钓鱼。

立体风筝

抽象或形象而成立体形的风筝，都是由一个或多个圆筒或其他形状的筒组成的，通常都采用折叠结构的骨架。

 准 备

竹条、棉纸、胶水、棉线、颜料、水笔。

制 作 过 程

①将竹条削成长宽1.5毫米、厚1毫米的规格。

②截取长45厘米的竹条和20厘米的竹条两根，扎成1个长方形框，并用白胶涂抹绑扎点固定。

③截取1根长45厘米和10根20厘米的竹条，在长方形的上方继续扎出1个三棱体，并用白胶涂抹各个绑扎点。

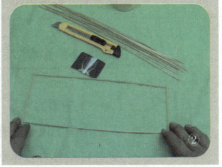

④按风筝的框架裁好适当大小的棉纸。

⑤在框架上涂抹白胶后把棉纸裱糊在框架上。

⑥根据个人的喜好绘上不同的图案，或在上面用不同颜色的纸、纸条贴出美丽的图案。最后拴上提线，风筝就做好了。子中的水蒸气变冷后附着在烟中的尘粒上，凝结成水滴，许多的小水滴就形成了云。

 **相关链接**

◎ **中国的风筝**

中国的风筝已有二千多年的历史，传统的中国风筝上到处可见具有吉祥寓意的图案的影子。在漫长的岁月里，我们的祖先不仅创造出优美的凝聚着中华民族智慧的文字，还创造了许多反映人们对美好生活的向往和追求、寓意吉祥的图案。它通过图案形象，给人以喜庆、吉祥如意和祝福之意；它融合了群众的欣赏习惯，反映人们善良健康的思想感情，渗透着我国民族传统和民间习俗，因而在民间广泛流传，为人们喜闻乐见。

有着二千多年历史的风筝，一直融入在中国传统文化之中，受其熏陶。在传统的中国风筝中，随处可见这种吉祥寓意："福寿双全""龙凤呈祥""百蝶闹春""鲤鱼跳龙门""麻姑献寿""百鸟朝凤""连年有鱼""四季平安"等。这些风筝无一不表现着人们对美好生活的向往和憧憬。

吉祥图案运用人物、走兽、花鸟、器物等形象和一些吉祥文字，以民间谚语、吉语及神话故事为题材，通过借喻、比拟、双关、象征及谐音等表现手法，构成"一句吉语一图案"的美术形式，赋予求吉呈祥、消灾免难之意，寄托人们对幸福、长寿、喜庆等愿望。它因物喻义、物吉图案，将情、景、物融为一体，因而主题鲜明突出，构思巧妙，趣味盎然，富有独特的格调和浓烈的民族色彩。例如一对凤鸟迎着

太阳比翼飞翔的图案，称为"双凤朝阳"，它以丰富的寓意、变化多姿的图案，体现了人们健康向上的进取精神和对美好幸福生活的追求与向往。

◎ 风筝冲浪

脚踩一块特制水上滑板，手拽一只巨型风筝，任由海风和波浪推动自己在蓝天大海间翻滚驰骋，玩家们用手拖拽风筝，以飞快的速度在水面滑行，风筝冲浪带给你夏日清凉与畅快。

最新流行的夏日释放激情的方式，不是水上滑板，也不是冲浪、放风筝，而是一种飞翔与冲浪的完美结合。有人认为风筝冲浪是世界上最刺激和最充满活力的极限运动。

风筝冲浪采用的是充气风筝，这就使风筝翼面和龙骨坚挺，不至于风筝跌落在水面上不易操作，同时充气后，风筝自然就会顺风上扬，而不需要其他动力辅助。当然，一艘快艇也是不错的辅助动力工具。用两条或四条强韧的绳子连接到手持的控制把手上，借着所产生的拉力，操作把手来控制风筝上升、下降及转向，并结合脚下滑板，在水面上快速滑行，或是在空中做花样翻滚动作。

风筝冲浪不需要大风和大浪，因为充气风筝本身就是一个动力源，在海边只要有2级以上的风，人就可以开始冲浪。最刺激的是，在冲浪过程中，高手可以一下冲上十多米高的高空，并且做出多种花样动作，这就是风筝冲浪的魅力。

◎ 风筝是怎样飞上天的

风筝是一种无动力的重航空器。什么是重航空器呢？也就是航空器的自身重量，超过了同等体积的空气重量的航空器，例如：飞机、火箭、导弹等都是重航空器。而升空的热气球、氢气球等，属于轻航空器。它们的自身重量都轻于同体积的空气的重量。

　　轻航空器靠空气的浮力而升空。重航空器不可能靠空气浮力升空，而是各有升空的途径，例如：飞机靠自身的动力推动快速前进，由于机翼在空气中的快速运动，机翼上下的压力差产生升力促使飞机升空；火箭、导弹都是靠自身的动力向后喷射的气流而产生的反作用力升空的。

　　风筝是靠自身在流动空气中的角度，使风筝上下产生不一样的压力，这种压力差产生了升力使风筝飘在天空，如果风筝线断了或头部重尾部轻或提线松动那样风筝就会掉下来。

◎ 载人风筝

　　你能想象风筝载着人在天空迎风飞翔的场景吗？广东省汕头市澄海人陈旺松便用自制的140米长的龙头蜈蚣风筝成功将一个37公斤重的六年级小学生载离地面达两米。这位土生土长的"风筝王"第一次成功放飞"载人风筝"。这个龙头蜈蚣风筝的龙头上吊一个秋千，小学生坐在秋千上面，风筝借风可产生很大的升力，升力足以把人带离地面。

八卦风筝

　　八卦风筝是传统的中国风筝，大江南北到处都可以看到它的影子。一般来讲，八卦风筝适宜在风力较大的情况下放飞，风力大小不稳定时，八卦风筝在空中一扬一落，非常有趣。八卦风筝制作简单，对制作的材料、绑扎的要求不是很严格，只要按照要求去做，一般都可以达到放飞的目的。

准 备

　　竹条、彩色薄膜包装纸、提线、双面胶、透明胶带纸、美工刀、剪刀、长尺。

制作过程

　　①用斜切的方法、修平竹节，并将4根竹条的厚度、宽度修整得光

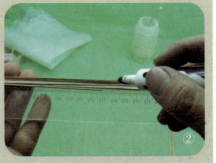

滑、规范。

②用尺量出8根等长的竹条。

③在工作台上摆好两个正方形，检查并保证每个角都是直角。

④摆好风筝骨架，用线绑扎风筝骨架，并用白胶涂抹各个绑扎点。

⑤把骨架放在棉纸上，照着骨架剪下棉纸。

⑥用白胶涂抹骨架，把棉纸粘糊在骨架上。

⑦为风筝扎上一个尾巴，以调整风筝的配重平衡。重心位置定在第二与第三横竹条中间的地方，只需将尾条贴到手指顶在的这一点上，风筝就可以保持平衡了。

⑧在风筝上画出八卦图案。

⑨为风筝拴提线。

🏠 相关链接

◎ 八卦图

常见的八卦图，是伏羲根据河图和洛书图研创的简易图。《太平御览》中记载："伏羲坐于方坛之上，听八风之气，乃画八卦。"

后来人们在这个图的基础上增加了许多定义，专为占卦而用，就演义成了伏羲八卦图。八卦图的前身简易图，是指导人们怎样治理自然、顺应自然及了解自然的工具，也是指导人们进行生产、猎捕、处世的工具。后来人们用作占卜，在这个图上又有了很多发明和创意，在民间广为流传，称为伏羲八卦图。

　　八卦的"卦"，是一个会意字，从圭从卜。圭，指土圭，开始以泥做成土柱测日影。卜，测度之意。立八圭测日影，即从四正四隅上将观测到的日影加以总结和记录，这就形成八卦的图像。

　　八卦的最基本的单位是爻，是记述日影变化的专门符号。爻有阴阳两类，阳爻表示阳光，阴爻表示月光。每卦又有三爻，代表天地人三才。三才的天部，包括整个天体运行和气象变化，这些星象之学，古称天文。地部指观测日影来计算年周期的方法，用地之理了解生长化收藏的全过程。人部指把天文、地理和人事结合，以便按照这些规律进行生产和生活。每卦的次序是自下而上的，最下一横叫初爻，中一横叫二爻，上一横叫三爻。

　　八卦代表八种基本物象：乾为天，坤为地，震为雷，巽为风，艮为山，兑为泽，坎为水，离为火。并认为"乾"和"坤"两卦在八卦中占特别重要的地位，是自然界和人类社会一切现象的最初根源。八卦最初是上古人们记事的符号，后被用为卜筮符号。古代常用八卦图作为除凶避灾的吉祥图案。

熊猫踩滚轮

马戏团里常有小丑驯兽的节目，在小丑的训导下，猴子可以骑车，小熊可以踩滚筒从斜坡上滚下来，这里我们做一个重力玩具熊猫踩滚轮。

准 备

废旧光盘、吹塑纸、废旧电池、螺母、强力胶、剪刀、笔。

制作过程

①在纸板上画出熊猫的图案。

②用剪刀剪下熊猫图案。

③拿一个光盘，剪去外圈的大部分，在任意位置留一小块。

④把熊猫粘在光盘和突出部分相对的那边，把螺母粘在光盘的突出部

⑦ 熊猫踩滚轮做成了。

分作为配重。

　　⑤把吹塑纸剪成条，用强力胶粘在电池的首末两端做成滚轮的轴。

　　⑥将轴穿过熊猫和滚轮，并用强力胶将滚轮和轴粘合。

柯博士告诉你

　　两个滚轮和轴可以在斜面上滚动，而熊猫安装在滚轴上，滚轴和熊猫的底座并不粘在一起，滚轴可以在底座的圆孔中自由转动。

熊猫的底座滚轴的下部粘有配重的螺母，这就使上部的熊猫不会倒下来，永远站立。从侧面看，只看到了滚动的滚轮，而熊猫的底座被滚轮挡住，给人以好像熊猫踩滚轮一样。

 相关链接

◎ 走钢丝杂技演员的平衡杆

物体的平衡分三类：稳定平衡、不稳定平衡、随遇平衡。稳定平衡是指当物体稍微侧倾时，如果其重心升高，重力对转轴的力矩就会使它回到平衡位置。玩具不倒翁就是稳定平衡的实例。不稳定平衡是指当物体稍微侧倾时，如果其重心降低，重力对转轴的力矩就会使它继续偏离平衡位置，最终倒下。而随遇平衡就是当物体侧倾时，如果其重心位置高低不变，则物体的平衡状态总能保持。均匀的球在水平面上滚动时也是处于随遇平衡状态。

走钢丝的杂技演员处于一种不稳定平衡状态。手持一根又长又重的横杆，一方面可以使人和杆整体重心大大降低，这样当人稍微侧倾时，整体重心的侧倾量就较人体上部的侧倾量小得多；另一方面，借助横杆的移动，可以调节整体的重心位置，就能保持人不从钢丝上掉下，当然，这要求演员要有长期的训练和高超的平衡技能。

空 竹

　　空竹是一种简单易行的健身玩具，深受人们的喜爱。其实这种玩具里也蕴藏着科学知识，自己也可以用身边的材料做一个这样的玩具。

准 备

　　塑料碗、绳子、木棍、小塑料棒、螺钉螺帽、螺钉垫、螺丝刀、锥子。

制作过程

　　①截取一小段塑料棒，圆周刻出或锯出凹槽作为转动轴。
　　②用锥子在转动轴上钻一个透孔。
　　③把每一个碗的底部钻一个透孔。

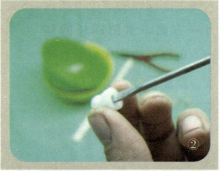

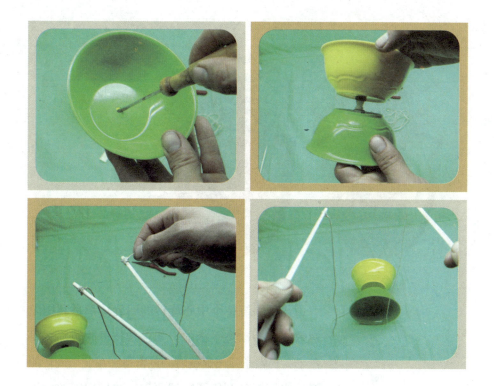

④用螺钉穿过轴孔把两个塑料碗连接起来，并拧紧螺钉。

⑤把抖绳的两端分别系在两根木棍上端。

⑥一个好玩的空竹就做成了。

柯博士告诉你

这个在外力作用下旋转的物体，可以在不断给予外力的情况下，不停地旋转。

提出"陀螺"这个术语的，是19世纪中叶的法国物理学家博科。在英语中，陀螺就是"回转体"的意思，凡是回转体都可以看作是陀螺。陀螺是在地上转的回转体，空竹是在空中转的回转体，所以空竹也可以说是一种陀螺，空竹的这种旋转就是陀螺效应。

凡是围绕一个中心旋转的回旋体都是利用陀螺效应保持动态平衡的。如：杂技里的转碟、耍盘子、扔帽子、飞速旋转的芭蕾舞、东北二人转的耍手绢等都是利用了陀螺原理。我们周围的世界中，到处可以看到陀螺。小到原子、大到地球，都是回转的"陀螺"。

相关链接

◎ 中国最早的娱乐项目——陀螺

北方叫作"冰尜"或"打老牛"，是儿童玩具，形状略像海螺，多用于木头制成，下面有铁尖，玩时用绳子缠绕，用力抽绳，使其直立旋转。有的用铁皮制成，利用发条的弹力旋转。

传统古陀螺大致是木或铁制的倒圆锥形，现代已有各式各样的材质与形状出现。依照材料的

分类, 分别介绍如下:

纸陀螺: 由于纸陀螺的体积小, 所以只要利用大拇指和食指, 紧紧地握住纸陀螺的轴柄上端, 急速捻转放在桌上, 纸陀螺就会单脚独立旋转起来。

铜钱陀螺: 铜钱陀螺的玩法也和纸陀螺相同, 只要用手捻, 就可以旋转。

线轴陀螺: 线轴陀螺的玩法, 也是利用手捻的方式。

竹陀螺: 竹陀螺的玩法是先将粗棉线穿过竹片, 然后缠卷在竹柄上, 要注意, 应该由上而下绕。等到缠好了以后, 一手执线端, 向后抽, 一手执陀螺及竹片, 向前推, 两只手同时用力的时候, 陀螺就会向前冲过去, 而且发出嗡嗡的声音。

木制陀螺: 木制陀螺的玩法是抽。一般孩子抽陀螺的方法有两种: 第一种是水平抽法, 这是弯身从身侧把陀螺往前抛, 当陀螺离手后, 绕在手上的绳尾, 迅速地向后一抽, 陀螺就会沿着地面, 水平地旋转前进; 第二种是垂直抽法, 将陀螺高举过顶, 由上向下, 边抽边打。

塑胶类陀螺: 玩的时候, 将弹簧绞紧后, 按中间的钮, 下节的响螺就会脱离, 而旋转在桌上

或地上，也非常有趣。

　　金属陀螺：是用一根棉线，缠绕陀螺中间的轴，然后迅速一抽使之旋转，再将其放置在一个支架上，不但中间轴心飞快地旋转，整个陀螺如雷达天线一样，做360°的转动，所以也叫雷达陀螺。

◎ 古老的健身玩具

　　抖空竹，看上去似乎是很简单的上肢运动，其实不然，它是全身的运动，靠四肢的巧妙配合完成的。

　　当双手握杆抖动空竹做各种动作技巧时，人上肢的肩关节、肘关节、腕关节，下肢的胯关节、膝关节、踝关节，加之颈椎、腰椎都在同时运动，以带动身躯的前后、左右的移动、转动，两臂的舒张、收缩，脚步的跟随。经过反复锻炼，从而能促进全身的血液循环，提高四肢的协调能力，促进人脑的发育，提高灵敏性，延缓衰老。

　　抖空竹时，人的注意力要高度集中，做各种花样时，眼睛始终都要注视着空竹在空间旋转位置的变化，随时反映给大脑，做出正确的判断。所以，双眼和脑神经在抖空竹的过程中会不断得到锻炼和提高，尤其是在蓝天白云下眼球不停地转动，能起到提高视力的作用。

做各种空竹的花样技巧时，还能促进人的大脑发育，提高机能，尤其是青少年经常参加此项活动效果更佳，可增强精神集中的能力，有助于提高学习成绩。

在抖空竹时，人的心情舒畅，呼吸自然，这样就会加强血液循环，从而促进人体各器官的组织供血、供氧充分，物质代谢也得到改善。因而使高血压、动脉硬化等现象得到缓解。古代医学理论认为："人身常动摇则谷气消，血脉通，病不生，人犹户枢不朽是也。"就是说，神经系统的活动能力提高，可以改善其他系统的机能。抖空竹运动对胃肠道消化系统起着机械性的刺激作用，改善消化道的血液循环，促进消化，预防便秘，这对老年人更为重要。

立式风车

立式风车也称为立轴式风车或竖轴式风车，今天我们将用一些简单的材料制作一个立式风车。

准 备

奶空瓶，塑料吸管，铅画纸，蓝色、绿色、橘红色和黄色的纸，白胶，直尺，铅笔，剪刀，圆规，自行车辐条。

制作过程

①在蓝色、绿色、橘红色和黄色的纸上分别用圆规画上直径50毫米的圆圈。

②用剪刀剪下这几个彩色纸圆片。

③在圆片的边缘任意处向圆心剪开一个口，并粘成圆锥形风杯，把每个圆片都做成这样的风杯。

④将铅画纸剪成两张15毫米×200毫米的纸条，并在两端扎上小孔。

⑤再将它们组成十字形粘合在一起，然后在两端各开一个直径5毫米的小孔，这就是风车支架。将塑料吸管剪成长125毫米，做转轴。再用剪刀剪一片直径10毫米的塑料片，中间开个5毫米的小孔做滑片。把转轴和风杯支架穿在一起。

⑥把另一个风杯支架，同样插进转轴，并整理成面向四方的风杯支架。

⑦用胶把风杯分别粘在支架的每个面上。

⑧经过整理，把风杯支架整形，并用白胶粘合在转轴上固定。

⑨用细沙灌进奶瓶中，用以增加配重，把瓶盖钻一个孔，把自行车辐条插进瓶中，再套上转轴。

⑩立式风车就做好了。

柯博士告诉你

立式风车有类似风帆似的风杯，它们装在立式的风车架上，当风吹到风杯时，风杯因受力而发生转动。这种风车不受风向的局限，不管来自什么方向的风都会作用到风杯上。

据考证这种立式风车是先于水平式风车产生的，它的发明是受到了帆船风帆的启示。

相关链接

◎ 立式风车

立式风车是一种由风力驱动使轮轴旋转的机械，旋转的轮轴带动磨或水车，从而达到磨麦或取水灌溉的目的，发明于宋代。

风车的早期记载过于简略，没有记录出装置的结构形式和叶片数。

直至清中期，周庆云在《盐法通志》卷三十六中描述了立轴式风车的构造原理。

"风车者，借风力回转以为用也。车凡高二丈余，直径二丈六尺许：上安布帆八叶，以受八风。中贯木轴，附设平行齿轮。帆动批转，激动平齿轮，与水车之竖齿轮相搏，则水车腹页周旋，引水而上。此制始于安凤官滩，用之以起水也。长芦所用风车，以坚木为干，干之端平插轮木者八。如车轮形。下亦如之。四周挂布帆八扇。下轮距地尺余，轮下密排小齿；再横设一轴，轴之两端亦排密齿与轮齿相错合，如犬牙形，其一端接于水桶，水桶亦以木制，形式方长二三丈不等，宽一尺余。下入于水，上接于轮。桶内密排逼水板，合乎相之宽狭，使无余隙，逼水上流入池。有风即转，昼夜不息。……"

20世纪50年代初，仅渤海之滨的汉沽塞上区和塘大区就有立轴式风车约600部。民间有诗云："大将军八面威风，小桅子随风转动，上戴帽子下立针，水旱两头任意动。"

立轴式风车采用形似八棱柱的框架结构，又称"走马灯"或大风车。立轴上部镶接8根辐杆，下部镶接8根座杆。桅杆与辐杆、座杆、旋风榄、篷子股相连，挂上风帆，即构成风轮。立轴与铁环的配合，以及针子与铁轴

托（铁碗）的配合，构成两副滑动轴承。平齿轮
固定在立轴下部，与一个小的竖齿轮啮合。竖齿
轮通过其方孔，装在直径约7寸的大轴上，并可
在轴上左右移动，以实现齿轮的啮合与分离，起
离合器的作用。大轴上装着主动链轮驱动龙骨。

立式风车最为巧妙之处在于风车运转过程中
风帆的方向自动调节。风帆为船帆式。帆并非安
装于轮轴径向位置，而是安装在轴架周围的8根
柱杆上。帆又是偏装，即帆布在杆的一边较窄，
在另一边较宽，并用绳索拉紧。这种船帆式风车
的特色，为中国所独有。

20世纪五六十年代中国还有很多立式风车，
它体积庞大，占地面积较多。20世纪80年代中
期，立式风车已被电动或内燃机水泵替代。

海豚顶球

　　海豚是人们喜欢的一种海中哺乳动物，人们喜欢它们的聪颖可爱、善解人意、能为人们表演有趣的节目。这里要做的海豚顶球是利用曲轴的作用，带动了两个小海豚上下抢着顶球的玩具。

准　备

　　废旧包装盒、厚实的硬纸板、铁丝、筷子、小塑料球、电线塑料外皮、不干胶、剪刀、笔。

制作过程

①在纸板上画出两个小海豚。
②用铁丝弯出一个曲轴，并在适当处套上电线塑料外皮。

③用剪刀在盒盖上部剪两个长方形的口。

④将两个小海豚用细铁丝拧在曲轴上。

⑤用铁丝在圆形笔杆上绕成一个吊球的螺旋竖杆。

⑥把螺旋杆的上端插入塑料球中，下端插进盒盖的两个长孔中间。用胶固定。

⑦在小盒的两侧各扎一个曲柄孔，并将曲柄安装在这两个小孔中。

⑧海豚顶球做好了，当你摇动曲柄时，两个小海豚就会上下运动，犹如海豚在顶球。

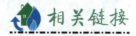

相关链接

◎ 海豚

海豚属于哺乳纲、鲸目、齿鲸亚目、海豚科，通称海豚，是体形较小的鲸类，共有近62种，分布于世界各大洋。体长1.2~4.2米，体重23~225千克。海豚一般嘴尖，上下颌各有约101颗尖细的牙齿，主要以小鱼、乌贼、虾、蟹为食。海豚喜欢过"集体"生活，少则几头，多则几百头。海豚是一种本领超群、聪明伶俐的海中哺乳动物。经过训练能打乒乓球、跳火圈等。

　　海豚的大脑是动物中最发达的，人的大脑占本人体重的2.1%，海豚的大脑占它体重的1.7%。因而有人称海豚为"海中智叟"。根据观察野生海豚的行为，以及海豚表演杂技时与人类沟通的情形推测，海豚的适应能力及学习能力都很强。海豚的大脑由完全隔开的两部分组成，当其中一部分工作时另一部分充分休息，因此，海豚可终生不眠。海豚靠回声定位来判断目标的远近、方向、位置、形状，甚至物体的性质。

　　海豚不但聪明，更有惊人的听觉，还有高超的游泳本领和异乎寻常的潜水本领。据有人测验，海豚的潜水记录是300米深，而人不穿潜水衣，只能下潜20米。至于它的游泳速度，更是人类比不上的。海豚游泳的速度可达每小时40公里，相当于鱼雷快艇的中等速度。

◎ 海豚纪念碑

1871年夏天，大雾笼罩了新西兰海岸，"布里尼尔号"行经新西兰科克海峡，因天气突变，大船像一片树叶似的，在险恶的暗礁群中颠簸，困于"死亡之峡"整整一天，眼看就要遭受灭顶之灾，绝望中的船长无力地在胸前画着十字，绝望地叫道："天啊，我们完了……"

突然，他眼睛一亮，一条银灰色的大海豚从惊涛中跃起，并不时回首盼望，仿佛在说："请放心，朋友，我知道怎样冲出迷途、摆脱死神。"船长像在夜航中看见灯塔，想也不想就下令紧随海豚前进。海豚带领海船七拐八转穿过浓雾，绕过暗礁终于把"布里尼尔号"领出了恐怖之地。

从此，每艘海船经过这里，都会遇到这个奇怪的"领航者"。尽管这个礁石密布的地区很危险，但是，自从有了海豚领航，一条船也没触过暗礁。有一次，海豚又为一艘海船领航，船上的一名旅客认为海豚领航是魔鬼在作怪，就偷偷开枪把它打伤了。可是几个星期以后，这条"心地善良"的海豚又出现了。为了保障经过这个地区海船的安全，新西兰政府专门召开会议，并颁布了一条法令：任何人不准伤害这条海豚。从此，这条海豚更忠心耿耿地为来往的每一艘海船领航。多少个日日夜夜过去了，这个地区从未出现过事故。直到1912年，海豚才从海面上消失了。

人们为了纪念这只海豚为人类服务了一生的贡献，在新西兰首都惠灵顿建造了一座造型别致的海豚纪念碑，上面写着

"天才领航员杰克"。

◎ 海豚从军

　　人们对警犬和军犬的服役已经很了解了。1960年，美军方开始对海豚进行研究，希望通过研究海豚体形和划水的动力原理，设计出海豚形状的鱼雷。"海豚鱼雷"一直没有研制出来，但美国海军发现海豚可以在深水中觉察到细微的声音，同时也发现海豚的声纳系统是鲸类动物中最精密的，可以在军事行动中发挥作用，于是，美国海军开始训练海豚执行深水侦察任务。

　　经过训练的海豚和海狮能够发现深水水雷和潜水者，能够在浅水甚至陆地搜寻目标。

　　它们在水下发现入侵者后，先用嘴将一个C形的、像手铐一样的夹子夹在入侵者的腿上，之后向水面发射一个浮标，指示入侵者的位置。

　　它们也可以轻松地发现那些从水下发动偷袭的潜水员。一经发现海豚就会在现场附近留下一个发送无线电波的信标，美军拦截小队就会迅速确定可疑分子在水下的位置。

　　目前，美国海军陆战队共特殊训练了20只海狮和约70只海豚。它们将被用来保护美国海军官兵和海军设施免遭爆炸袭击。

　　不过，也有环保人士和动物保护组织的人对这种做法提出了反对意见。

虹吸杯

相传朱元璋打败陈友谅定都南京，建立了大明王朝，在他设宴宴请他的开国功臣时，用九龙公道杯为诸位斟酒，并以此杯的特点、以圣人的"谦受益，满招损"诫勉群臣。我们也可以借用这个原理制作一个虹吸杯。

准　备

饮料瓶、透明塑料管、剪刀、胶、锥子。

制作过程

①把饮料瓶的上部剪去，留下杯体。

②用锥子在杯底中心部钻一个直径约5毫米的小孔。

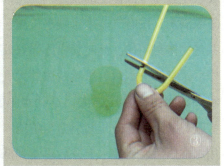

③把软管弯折成U字形，一端略短，一段稍长。

④将弯管的稍长段穿入杯底下的小孔，并穿过杯底直至和杯的边缘相平。最后用胶将软管和杯底接触部粘合。

⑤往杯子里倒入水，注意不要让杯子里的水位超过软管的最高点，杯子里的水就不会流出来，但你要继续往杯子里倒水，一旦杯子里的水倒满，水就会通过软管并从杯子的底端软管口流出。

🏠 柯博士告诉你

虹吸杯的原理是虹吸原理，也称连通器原理，加在密闭容器里液体上的压强，处处都相等。而虹吸管里灌满水，没有气，来水端水位高，出水口用手掌或其他物体封闭住。此时管内压强处处相等。一切安置好后，打开出水口，虽然两边的大气压相等，但是来水端的水位高，压强大，推动水不断流出出水口。虹吸现象是液态分子间引力与位能差所造成的，即利用水柱压力差，使水上升后再流到低处。由于管口水面承受不同的大气压力，水会由压力大的一边流向压力小的一边，直到两边的大气压力相等，容器内的水面变成相同的高度，水就会停止流动。利用虹吸现象很快就可将容器内的水抽出。

◎ 九龙公道杯

九龙公道杯又叫平心杯，分杯体和杯座两部分，通体高约20厘米。在白腻的瓷面上，有青花钴料工笔描绘的八条姿态各异的五爪龙，连同杯中的一条雕刻的龙，共有九条五爪龙，预示皇帝"九五之尊"的威严。更神秘的是，杯中央的瓷龙颈部有一黑色的圆点，当酒水低于圆点时，一切正常，当水面超过圆点时，杯中酒水很快就流出杯外。这是因为瓷龙一侧与杯底衔接处有一个小孔，在杯外底中心也有一个小孔，当往杯中注水超过圆点时，水便从杯内底部小孔进去，又顺着外底的小孔流了出去，这其实就是虹吸现象。九龙公道杯是一件集工艺性、知识性、趣味性和审美性于一体，欣赏与收藏并重的特色瓷器。

现在"九龙公道杯"驰名中外，可称得上是陶瓷高级艺术珍品。

◎ 虹吸原理的应用

公厕中的便池应当定时用水冲洗，无人值守但又不能让水无节制地哗哗直流，就可利用虹吸原理设计一种自动装置，调节放水阀门，让水细细地流进下面的容器，当容器中的水面超过弯管顶部时，弯管中便充满了水，下端放水口就有水流出冲洗便池，容器中水面不断下降，但只要没有低于弯管的上端口，水就会继续流出，直到上端口露出水面，水流就会停止，这段时间就是虹吸的作用。调节弯管上端口的高度，可以改变每次冲洗的出水量；调节放水阀门放水量的大小，可以改变两次冲洗的时间间隔。

◎ 漩涡虹吸式马桶的排污原理

马桶有很多种，最基本的分类是虹吸式马桶和冲落式马桶，而虹吸式马桶中又有相应的分类，其中漩涡虹吸式马桶是档次最高的一种马桶，漩涡虹吸式马桶的结构与其他虹吸式马桶基本相似，只是供水管道设于便池下部，并通入池底。为了适应管道的设计要求，漩涡虹吸式马桶在成型工艺上水箱与便器合为了一体。漩涡虹吸式马桶最大的特点是利用虹吸和漩涡两种作用。漩涡能产生大的向心力，将污物迅速卷入漩涡中，又随虹吸的生成排走污物，冲水过程迅速又彻底。漩涡虹吸式马桶防臭、防污效果佳，噪声更小。利用冲洗水从池底排污孔的侧上方喷出形成漩涡，随着水位的增高充满排污管道，当便池内水面与便器排污口形成水位差时，虹吸形成，污物随之排出。

熊骑木马溜钢丝

熊骑木马溜钢丝是一个重心稳定玩具，制作简单，在玩的过程中，你不仅能动手制作，同时，也能学到调整物体重心的方法。

准 备

厚纸板、带沟槽的玩具滑轮、铁丝、橡皮泥、尼龙绳、筷子、饮料瓶盖、木板、广告色、笔、剪刀。

制作过程

①在厚纸板上画出两片熊骑木马图片。

②用剪刀剪下这两个图片。

③把滑轮夹在两个图片中间，并用胶粘上。

④把铁丝弯折成W形，两端稍短。

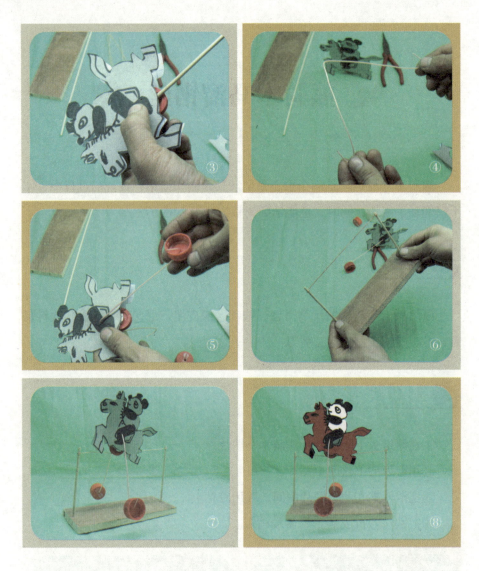

⑤把这个W形铁丝插进木马的下方，并在铁丝两端的弯折处装上钻了孔的瓶盖。

⑥在底座木板上的两边各扎一个孔，然后把筷子插进这两个孔，中间拴上尼龙绳。

⑦把熊骑木马放到尼龙绳上，使滑轮的沟槽正好骑在尼龙绳上。用橡皮泥粘在两个瓶盖里调整重心。

⑧最后，用画笔细致加工熊骑木马的图案，并涂上颜色。

 柯博士告诉你

物体的稳定支撑取决于物体重心的位置，物体的重心位置越低越稳定。熊骑木马放在尼龙绳上面，重心升高，头重脚轻，这样势必要倒栽下来。如果设法把重心引到尼龙绳下面，熊骑木马就能平稳地停放在尼龙绳上，并且还可以来回滚动。

相关链接

◎ 车载货物的稳定性

车辆不仅可供人们乘坐，还可进行货物运输。在进行货物运输时，装载货物的方式就大有学问了，如果装载不当就会带来很多麻烦，甚至造成严重的车祸。

邮递员的自行车驮包就是很好的运输工具，驮包搭在后轮的货架上，这样重物的重心就落向下部位，增加了车子的稳定性，骑起车来就十分稳定。骑着摩托驮着两个奶桶的送奶员，他们把奶桶也是挂在后边车轮的两侧，这无疑也是降低车载货物重心的一个好办法；汽车装载货物时，货物不能超重，也绝不能超高，如果车载货物超高，汽车的重心就会上移，使稳定性大为降低，就会影响汽车的行驶安全。因为汽车的行驶速度快，装载货物超高的汽车，在急刹车时极容易发生汽车侧翻和颠覆。

旋转的舞娃

这是一个重力玩具，当瓶子滚动时，在瓶子上边的舞娃并不随瓶子滚动，而是直立着旋转身子，好似在翩翩起舞。

准 备

塑料小瓶、废电池、铁丝、乒乓球、泡沫板、剪刀、美工刀。

制作过程

①把乒乓球按热塑模具线剪开，再把边缘刻成锯齿状，在半球的中心顶部钻一个小孔。

②在泡沫板上画一个舞娃，并用美工刀雕刻成形。

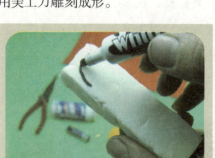

③用胶把舞娃粘在半个乒乓球上，穿裙子的舞娃做成了。

④把铁丝弯成直角，绑上小电池做配重，这就是转动轴。

⑤在小塑料瓶的顶盖和底部各扎一个比转动轴稍大一点的轴孔。然后把转动轴插进小药瓶。

⑥把竖起直立的转动轴部分涂上胶，插入舞娃半球形裙的孔中粘牢，使裙边正好紧挨着小塑料瓶的外壁。

⑦将舞娃放在斜面上，她会直立地站在小塑料瓶的一端，并会旋转。

柯博士告诉你

在塑料瓶滚动时轴并不滚动，因为轴上面绑有一个废旧的电池，这个电池就是一个重锤，重锤的重量使轴不能转动，并且始终保持原来的状态，这样舞娃也不会跌倒，始终垂直地站立着，另外，站立的舞娃的裙子是半个乒乓球，这半个乒乓球始终紧贴在塑料滚筒上，因而滚筒滚动，并与半个乒乓球摩擦，通过与半个乒乓球的摩擦传动，使舞娃转动起来。

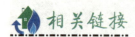

相关链接

◎ 带式传送机

摩擦传动是带式传送机动力传动的方式。所需的牵引力是通过驱动装置中的驱动滚筒与传送带间的摩擦作用而传递的，因而称为摩擦传动。这种传动方式的特点是结构简单，制造比较容易，运转平稳，过载可以打滑且可以自定传动比（通常我们叫无极变速）。摩擦传动的应用范围广泛，在工业、农业、矿山及许多机械上我们都可以见到这种摩擦传动方式。

传送带广泛用于建材、化工、煤炭、电力、冶金等部门，适用于常温下输送非腐蚀性的无尖刺的块状、粒状、粉末的多种物料，如煤炭、焦炭、砂石、水泥等散物或成件物品，传送堆积密度为每立方米6.5~2.5吨的各种块状、粒状、粉状等松散状物料，也可用于成体物品传送。

传送带或胶带是由几层纤维织物与橡胶粘合而成的。用于运输块状、粒状、粉状或成件等物品。

不倒的熊猫

熊猫是中国的国宝，熊猫旅居于世界许多动物园，传递着中国人民的友好情结。用身边的一些废品也可以做一个可爱的熊猫，它也许会给你带来另外的惊喜。

准 备

易拉罐、铁丝、白板纸、橡皮泥、白胶、剪刀、锥子。

制作过程

①找出易拉罐上下的圆心，并钻出和铁丝粗细相当的孔。将铁丝穿过易拉罐的上顶盖和底中间的小孔，一边留得稍长些，一边留得稍短些。

②在白板纸上画出熊猫的图像，并画上你喜欢的颜色，用同样的方法

再做一个。

　　③用剪刀剪下这两个熊猫。

　　④把穿过易拉罐铁丝长的一端弯出一个直角，把铁丝夹在两个熊猫中间，并用白胶粘牢。

　　⑤把铁丝的另一端弯成摇把形，并把橡皮泥粘在摇把上配重。

　　⑥把易拉罐放在稍有坡度的斜面上，易拉罐就会沿着坡度向下滚，但是熊猫却始终不会倾倒。如果熊猫倾倒，那就是熊猫一端重了，失去了平衡，只要把另一端填一些橡皮泥配重调一调就好了。

柯博士告诉你

　　这个玩具是一个平衡玩具。铁丝通过罐体的轴就是支点，橡皮泥配重端和熊猫端是两端的平衡点，它们在一定重力下取得了平衡。尽管易拉罐滚动，但毫不影响支点，也不影响两端的重力平衡，所以，熊猫只要和他的对应端重力不发生变化，熊猫就不会倒。如果，橡皮泥配重端重力减少，这种平衡就会遭到破坏，同理，熊猫端重力加大，这种平衡也会遭到破坏。

 相关链接

◎ 大熊猫

大熊猫是一种有着独特黑白相间毛色的活泼动物。大熊猫的种属是争论了一个世纪的问题，最近的DNA分析表明，现在国际上普遍接受将它列为熊科、大熊猫亚科的分类方法，目前也逐步得到国内的认可。国内传统分类将大熊猫单列为

大熊猫科，它代表了熊科的早期分支。成年熊猫长约120厘米~190厘米，体重85公斤到125公斤。与其他熊类不同，大熊猫没有冬眠行为。

　　大熊猫的祖先是始熊猫，是一种由拟熊类演变而成的以食肉为主的最早的熊猫。始熊猫的主支在中国的中部和南部继续演化，其中一种在距今约300万年的更新世初期出现，体形比现在的熊猫小，从牙齿推断它已进化成为兼食竹类的杂食兽，卵生熊类，此后这一主支向亚热带扩展，分布广泛，在华北、西北、华东、西南、华南以至越南和缅甸北部都发现了化石。在这一过程中，大熊猫适应了亚热带竹林生活，体形逐渐增大，依赖竹子为生。现在的大熊猫的白齿发达，爪子除了五趾外还有一个"拇指"。这个"拇指"其实是一节腕骨退化而形成的，学名叫作"桡侧籽骨"，主要起握住竹子的作用。

圣诞树

圣诞树是西方圣诞节时用来增加节日气氛的常绿植物，每当圣诞前，家家都把一棵常绿植物如松树，弄进屋里或者在户外，用圣诞灯和彩色的装饰物装饰，并把一个天使或星星放在树顶上。

准 备

饮料瓶、发光二极管、纽扣电池、小玩具电机、强力胶、电池、木板底座、导线、圆规、剪刀。

制作过程

①将饮料瓶从上到下按一定距离钻4个小孔。
②把发光二级管插进这几个孔中。

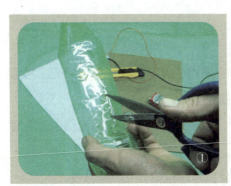

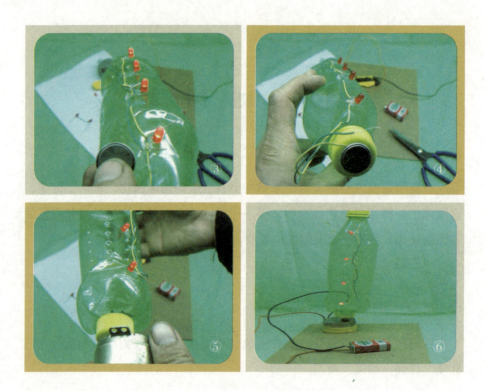

③在饮料瓶瓶底的适当处粘上纽扣电池，用导线连接电池和发光二级管。

④把另一只纽扣电池粘在瓶盖上，用导线连接发光二级管。

⑤在瓶底下安装一个瓶盖，再把玩具电机轴用胶粘在瓶底。

⑥接通电池，电机就会转起来，发光二极管也亮起来了。

柯博士告诉你

这种圣诞树是一个电子小制作，它采用了废旧的饮料瓶、发光二极管和小电机制作成一个动态的圣诞树小摆设。

因为它的光源使用了发光二极管，这种光源是由纽扣电池供电，是种节约电能的光源，小电机由电池供电。

这种圣诞树节能、环保，既不用砍伐常绿植物，又新颖独特。

相关链接

◎ 发光二极管

发光二极管（LED），是一种固态的半导体器件，它可以直接把电转化为光。LED的心脏是一个半导体的晶片，晶片的一端附在一个支架上，连接电源的负极，另一端连接电源的正极，使整个晶片被环氧树脂封装起来。半导体晶片由两部分组成，一部分是P型半导体，在它里面空穴占主导地位，另一端是N型半导体，在这边主要是电子。但这两种半导体连接起来的时候，它们之间就形成一个"P－N结"。当电流通过导线作用于这个晶片的时候，电子就会被推向P区，在P区里电子跟空穴复合，然后就会以光子的形式发出能量，这就是LED发光的原理。而光的波长也

就是光的颜色，是由形成"P—N结"的材料决定的。

LED的内在特征决定了它是可以代替传统光源的最理想的光源，并且它还有着广泛的用途。

LED体积小、重量轻，基本上是一块很小的晶片被封装在环氧树脂里面。

LED耗电量低、亮度高、热量低。一般来说LED的工作电压是2~3.6V，工作电流是0.02~0.03A。这就是说它消耗的电不超过0.1W。

LED坚固耐用使用寿命长。LED是被完全的封装在环氧树脂里面，灯体内也没有可松动的部分，这些特点使得LED极不易损坏，它比灯泡和荧光灯管都坚固。因此，在恰当的电流和电压下，LED的使用寿命可达10万小时。

另外，LED由无毒的材料做成，不像荧光灯含水银会造成污染，同时LED也可以回收再利用，非常环保。

LED可以用来做显示屏、灯饰及照明产品，应用前景十分广泛。